化工总控工技能训练指导书

主　编　张润虎　郑孝英
副主编　叶文淳

哈尔滨工程大学出版社
Harbin Engineering University Press

内容简介

本教材以化工生产过程为背景,以培养学生从事化工生产职业能力为主线,依据"化工总控工"国家职业标准及化工总控工职业技能鉴定标准构建教材内容。全书包括化工总控工仿真实训和化工总控工技能实训两个模块,十四个实训项目,并把每个项目分解为若干实训任务,实现了项目引领、任务驱动的实训模式。全书注重学生在学中练,练中学,力求通过仿真实训和设备操作实训提高学生的岗位职业能力,为学生更好地适应工作岗位打下良好基础。

本教材可以作为高职高专化工技术类各专业及相关专业的实训教材,也可作为化工职业资格培训教材。

图书在版编目(CIP)数据

化工总控工技能训练指导书/张润虎,郑孝英主编.
—哈尔滨:哈尔滨工程大学出版社,2018.7
ISBN 978 - 7 - 5661 - 2053 - 3

Ⅰ.①化… Ⅱ.①张…②郑… Ⅲ.①化工过程 -
过程控制 - 高等职业教育 - 教材 Ⅳ.①TQ02

中国版本图书馆 CIP 数据核字(2018)第 149522 号

责任编辑 史大伟
封面设计 刘长友

出版发行	哈尔滨工程大学出版社
社 址	哈尔滨市南岗区南通大街 145 号
邮政编码	150001
发行电话	0451 – 82519328
传 真	0451 – 82519699
经 销	新华书店
印 刷	北京中石油彩色印刷有限责任公司
开 本	787 mm × 1092 mm 1/16
印 张	9.5
字 数	249 千字
版 次	2018 年 7 月第 1 版
印 次	2018 年 7 月第 1 次印刷
定 价	25.00 元

http://www.hrbeupress.com
E-mail:heupress@ hrbeu.edu.cn

前　言

　　教材建设是高职高专院校教育教学改革的重要环节,高职高专教材作为体现高职高专教育特色的知识载体和教学的基本工具,直接关系到高职高专教育能否为一线岗位培养符合要求的高技能应用型人才。随着现代化工生产技术的迅猛发展,生产装置的大型化,过程的连续化、自动化程度越来越高。由于化工生产行业的特殊性,学生按照常规方式到实训基地进行实训操作受到很大的局限性。学生通过化工生产仿真实训和化工生产过程实训,能够有效提高自身的职业能力,为更好地适应工作岗位打下良好的基础。

　　本书是按照高技能应用型人才培养的特点和规律,以化工生产过程为背景,以培养学生从事化工生产职业能力为主线,依据"化工总控工"国家职业标准及化工总控工职业技能鉴定标准构建教材内容。本书是根据北京东方仿真化工单元操作和化工生产仿真软件及浙江中控科教仪器设备有限公司化工总控工大赛精馏设备编写的。在教材编写过程中,编者到云天化集团等企业进行了调研,得到了企业专家的指导和帮助。全书共有化工总控工仿真实训和化工总控工技能实训两个模块,十四个实训项目,并把每个项目分解为若干实训任务,实现了项目引领、任务驱动的实训模式,充分体现了"工学结合""双证融通"的教学模式。

　　本书由昆明冶金高等专科学校张润虎任第一主编,昆明冶金高等专科学校郑孝英任第二主编,昆明冶金高等专科学校叶文淳任副主编,昆明冶金高等专科学校谭艳霞参编。

　　本书在编写过程中得到了企业专家、北京东方仿真控制技术有限公司、浙江中控科教仪器设备有限公司的大力支持,在此表示衷心的感谢。

　　由于编者水平有限,书中难免存在错误和疏漏,请读者批评指正。

编　者

2017 年 10 月

目 录

模块一 化工总控工仿真实训

模块二 化工总控工技能实训

模块一　化工总控工仿真实训

第一单元　化工单元仿真实训项目

项目一　液位控制系统操作实训

一、工艺流程说明

1. 工艺说明

本流程为液位控制系统,通过对三个罐的液位及压力的调节,使学员掌握简单回路、复杂回路的控制及相互关系。

缓冲罐 V/101 仅一股来料,8 kg/cm²① 压力的液体通过调节阀 FIC101 向罐 V/101 充液,此罐压力由调节阀 PIC101 分程控制,缓冲罐压力高于分程点(5.0 kg/cm²)时,PV101B 自动打开泄压,压力低于分程点时,PV101B 自动关闭,PV101A 自动打开给罐充压,使 V/101 压力控制在 5 kg/cm²。缓冲罐 V/101 液位调节器 LIC101 和流量调节阀 FIC102 串级调节,一般液位正常控制在 50% 左右,自 V101 底抽出液体通过泵 P101A 或 P101B(备用泵)打入罐 V/102,该泵出口压力一般控制在 9 kg/cm²,FIC102 流量正常控制在 20 000 kg/h。

罐 V/102 有两股来料:一股为 V/101 通过 FIC102 与 LIC101 串级调节后的来料;另一股为 8 kg/cm² 压力的液体通过调节阀 LIC102 进入罐 V/102 中。一般 V/102 液位控制在 50% 左右,V/102 底液抽出通过调节阀 FIC103 进入 V/103,正常工况时 FIC103 的流量控制在 30 000 kg/h。

罐 V/103 也有两股来料:一股来自 V/102 的底抽出量;另一股为 8 kg/cm² 压力的液体通过 FIC103 与 FI103 比值调节进入 V/103,比值系数为 2:1,V/103 底液体通过 LIC103 调节阀输出,正常时罐 V/103 液位控制在 50% 左右。

2. 控制回路说明

本单元主要包括单回路控制系统、分程控制系统、比值控制系统、串级控制系统。

(1)单回路控制系统

单回路控制又称单回路反馈控制。由于在所有反馈控制中,单回路反馈控制是最基本、结构最简单的一种,因此,它又被称为简单控制。

单回路控制系统由四个基本环节组成,即被控对象(简称对象)、被控过程(简称过程)、

---

① 1 kg/cm² = 0.1 MPa。

测量变送装置、控制器和控制阀。

本单元的单回路控制有 FIC101、FIC102、FIC103。

（2）分程控制系统

通常是一台控制器的输出只控制一只控制阀。然而分程控制系统却不然，在这种控制回路中，一台控制器的输出可以同时控制两只甚至两只以上的控制阀。控制器的输出信号被分割成若干个信号的范围段，由每一段信号去控制一只控制阀。

（3）比值控制系统

在化工、炼油及其他工业生产过程中，工艺上常需要两种或两种以上的物料保持一定的比例关系，比例一旦失调，将影响生产或造成事故。

实现两个或两个以上参数符合一定比例关系的控制系统，称为比值控制系统。通常把保持两种或几种物料的流量为一定比例关系的系统，称为流量比值控制系统。

比值控制系统可分为开环比值控制系统、单闭环比值控制系统、双闭环比值控制系统、变比值控制系统、串级和比值控制组合的系统等。

FIC104 为一比值调节器。根据 FIC1103 的流量，按一定的比例调整 FI103 的流量。

对于比值调节系统，首先要明确哪种物料是主物料，而另一种物料则按主物料来配比。在本单元中，FIC1425（以 C_2 为主的烃原料）为主物料，而 FIC1427（H_2）的量是随主物料（以 C_2 为主的烃原料）的量的变化而改变的。

（4）串级控制系统

如果系统中不止采用一个控制器，而且控制器间相互串联，一个控制器的输出作为另一个控制器的给定值，这样的系统称为串级控制系统。

串级控制系统的特点如下所述：

①能迅速地克服进入副回路的扰动；

②能改善主控制器的被控对象特征；

③有利于克服副回路内执行机构等的非线性。

在本单元中罐 V101 的液位是由液位调节器 LIC101 和流量调节器 FIC102 串级控制的。

液位控制系统 DCS 流程图如图 1 −1 所示，现场界面如图 1 −2 所示。

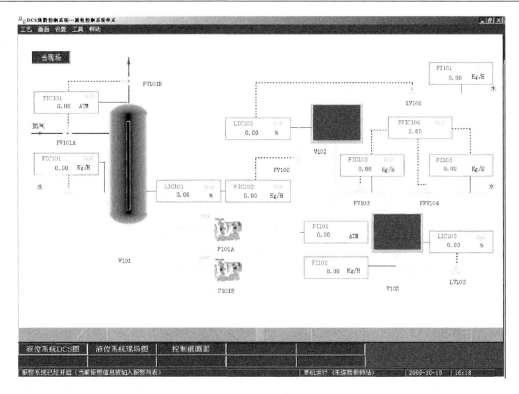

图 1-1 液位控制系统 DCS 流程图

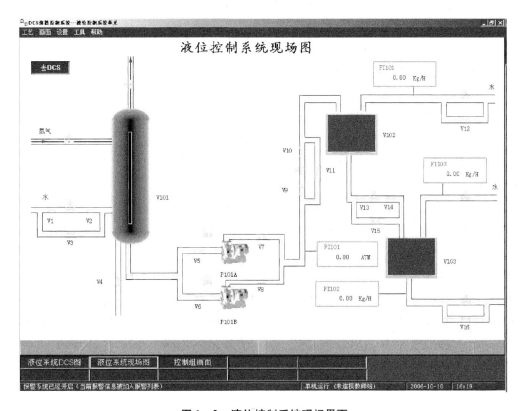

图 1-2 液位控制系统现场界面

二、主要设备和各类仪表

1.主要设备

主要设备如表1-1所示。

表1-1　主要设备

设备位号	设备名称	设备位号	设备名称
V101	缓冲罐	P101A	缓冲罐V101底抽出泵
V102	恒压中间罐	P101B	缓冲罐V101底抽出备用泵
V103	恒压产品罐		

2.各类仪表

仪表一览表如表1-2所示。

表1-2　仪表一览表

位号	说明	类型	正常值	量程高限	量程低限	工程单位	高报	低报	高高报	低低报
FIC101	V101进料流量	PID	20 000.0	40 000.0	0.0	kg/h				
FIC102	V101出料流量	PID	20 000.0	40 000.0	0.0	kg/h				
FIC103	V102出料流量	PID	30 000.0	60 000.0	0.0	kg/h				
FIC104	V103进料流量	PID	15 000.0	30 000.0	0.0	kg/h				
LIC101	V101液位	PID	50.0	100.0	0.0	%				
LIC102	V102液位	PID	50.0	100.0	0.0	%				
LIC103	V103液位	PID	50.0	100.0	0.0	%				
PIC101	V101压力	PID	5.0	10.0	0.0	$kgf^①/cm^2$				
FI101	V102进料液量	AI	10 000.0	20 000.0	0.0	kg/h				
FI102	V103出料流量	AI	45 000.0	90 000.0	0.0	kg/h				
FI103	V103进料流量	AI	15 000.0	30 000.0	0.0	kg/h				
PI101	P101A/B出口压	AI	9.0	10.0	0.0	kgf/cm^2				
FI01	V102进料流量	AI	20 000.0	40 000.0	0.0	kg/h	22 000.0	5 000.0	25 000.0	3 000.0
FI02	V103出料流量	AI	45 000.0	90 000.0	0.0	kg/h	4700.0	43 000.0	50 000.0	40 000.0
FY03	V102出料流量	AI	30 000.0	60 000.0	0.0	kg/h	32 000.0	28 000.0	35 000.0	25 000.0
FI03	V103进料流量	AI	15 000.0	30 000.0	0.0	kg/h	17 000.0	13 000.0	20 000.0	10 000.0
LI01	V101液位	AI	50.0	100.0	0.0	%	80	20	90	10

---

①　1 kgf = 9.8 N。

表 1 – 2(续)

位号	说明	类型	正常值	量程高限	量程低限	工程单位	高报	低报	高高报	低低报
LI02	V102 液位	AI	50.0	100.0	0.0	%	80	20	90	10
LI03	V103 液位	AI	50.0	100.0	0.0	%	80	20	90	10
PY01	V101 压力	AI	5.0	10.0	0.0	kgf/cm^2	5.5	4.5	6.0	4.0
PI01	P101A/B 出口压力	AI	9.0	18.0	0.0	kgf/cm^2	9.5	8.5	10.0	8.0
FY01	V101 进料流量	AI	20 000.0	40 000.0	0.0	kg/h	22 000.0	18 000.0	25 000.0	15 000.0
LY01	V101 液位	AI	50.0	100.0	0.0	%	80	20	90	10
LY02	V102 液位	AI	50.0	100.0	0.0	%	80	20	90	10
LY03	V103 液位	AI	50.0	100.0	0.0	%	80	20	90	10
FY02	V102 进料流量	AI	20 000.0	40 000.0	0.0	kg/h	22 000.0	18 000.0	25 000.0	15 000.0
FFY04	比值控制器	AI	2.0	4.0	0.0		2.5	1.5	4.0	0.0
PT01	V101 的压力控制	AO	50.0	100.0	0.0	%				
LT01	V101 的液位调节器的输出	AO	50.0	100.0	0.0	%				
LT02	V102 的液位调节器的输出	AO	50.0	100.0	0.0	%				
LT03	V103 的液位调节器的输出	AO	50.0	100.0	0.0	%				

任务一 冷态开车

装置的开工状态为 V102 和 V103 两罐已充压完毕,保压在 2.0 kg/cm^2,缓冲罐V101 压力为常压状态,所有可操作阀均处于关闭状态。

1. 缓冲罐 V101 充压及液位建立

(1)确认事项:V101 压力为常压。

(2)V101 充压及建立液位:

①在现场图上,打开 V101 进料调节器 FIC101 的前后手阀 V1 和 V2,开度为 100%。

②在 DCS 图上,打开调节阀 FIC101 开度为 50% 左右,给缓冲罐 V101 充液。

③待 V101 见液位后再启动压力调节阀 PIC101,阀位先开至 20% 充压,使 V101 液位达到 50% 以前稳定压力在 5 atm[①],压力稳定到 5 atm。

④待压力达 5 atm 左右时,PIC101 投自动(设定值为 5 atm)。

---

① 1 atm = 1.01325 × 10^5 Pa。

2.中间储槽 V102 液位建立

(1)确认事项：

①V101 液位达 40% 以上。

②V101 压力达 5 atm 左右时,将 FIC101 投自动(设定值为 20 000 kg/h)。

(2)V102 建立液位：

①在现场图上,全开泵 P101A 的前手阀 V5。

②启动泵 P101A,全开泵 P101A 的后手阀 V7。

③当泵出口压力(PI101)达 10 atm 时,打开流量调节器 FIC102 的前手阀 V9。

④打开流量调节器 FIC102 的后手阀 V10。

⑤打开出口调节阀 FIC102,手动调节 FV102 开度,使 P101A 泵出口压力控制在 9 atm 左右。

⑥打开液位调节阀 LV102 至 50% 开度。

⑦操作平稳后 V101 进料流量调整器 LIC101 投自动(设定值为 50%),将 FIC102 投自动,设定值为 20 000.0 kg/h。

⑧操作平稳后,调节阀 FIC102 投入自动控制,并与 LIC101 串级调节 V101 液位。

⑨V102 液位达 50% 左右,LIC102 投自动,设定值为 50%。

3.产品罐 V103 建立液位

(1)确认事项：V102 液位达 50% 左右。

(2)V103 建立液位：

①在现场图上,按顺序全开流量调节器 FIC103 的前后手阀 V13 及 V14。

②在 DCS 图上,打开 FIC103 使流经 FV103 物流量为 30 000 kg/h,并控制流经 FV103 物流量为 30 000 kg/h,打开 FFV104,使 FI103 显示值为 15 000 kg/h,控制 FI103 显示量(即流经 FFV104 物流量)为 15 000 kg/h,将 FIC103 投自动(设定值为 30 000 kg/h),将 FFIC104 投自动(设定值为 2)。

③当 V103 液位达 50% 时,打开液位调节阀 LIC103 开度为 50%。

④当 V103 液位稳定在 50% 时,将 LIC103 调节平稳后投自动,设定值为 50%。

任务二　正常运行

正常工况下的工艺参数如下所述：

(1)FIC101 投自动,设定值为 20 000.0 kg/h。

(2)PIC101 投自动(分程控制),设定值为 5.0 kg/cm^2。

(3)LIC101 投自动,设定值为 50%。

(4)FIC102 投串级(与 LIC101 串级)。

(5)FIC103 投自动,设定值为 30 000.0 kg/h。

(6)FFIC104 投串级(与 FIC103 比值控制),比值系统为常数 2.0。

(7)LIC102 投自动,设定值为 50%。

(8)LIC103 投自动,设定值为 50%。

（9）泵 P101A（或 P101B）出口压力 PI101 正常值为 9.0 kg/cm²。

（10）V102 外进料流量 FI101 正常值为 10 000.0 kg/h。

（11）V103 产品输出量 FI102 的流量正常值为 45 000.0 kg/h。

任务三　正常停车与紧急停车

1. 正常停车

（1）停用原料缓冲罐 V101：

①将调节阀 FIC101 改为手动操作，关闭 FIC101，再关闭手阀 V2 及 V1。

②将调节阀 LIC102 改为手动操作，关闭 LIC102，解除 FIC102 与 LIC101 的串级，FIC102 投手动。

③LIC101 投手动，当储槽 V101 液位降至 10% 时，关闭 FV102。

④关闭 FV102 后阀 V10，再关闭 FV102 前阀 V9，关闭泵 P101A 出口阀 V7，停泵 P101A，关闭泵 P101A 前阀 V5。

（2）停用中间储槽 V102：

①当储槽 V102 液位降至 10% 时，FFIC104 投手动，FIC103 投手动。

②控制调节阀 FV103 和 FFV104，使流经两者液体流量比维持在 2.0。

③当储槽 V102 液位降至 0 时，关闭 FV103。

④关闭 FV103 后阀 V14，后关闭 FV103 前阀 V13，再关闭调节阀 FFV104。

（3）停用产品储槽 V103：

①LIC103 投手动。

②控制调节阀 LV103，使储槽 V103 液位缓慢下降（LV103 开度小于 50%）。

③当储槽 V103 液位降至 0 时，关闭调节阀 LV103。

（4）原料缓冲罐 V101 排凝和泄压：

①打开罐 V101 排凝阀 V4，当罐 V101 液位降至 0 时，关闭 V4。

②PIC101 投手动，控制 PIC101 输出值大于 50%，对 V101 进行泄压。

③当罐 V101 内与常压接近，关 PV101A 和 PV101B（PIC101 输出为 50%）。

2. 紧急停车

操作规程同正常停车操作规程。

任务四　事　故　处　理

1. 泵 P101A 坏

原因：运行泵 P101A 停。

现象：画面泵 P101A 显示为开，但泵出口压力急剧下降。

处理：先关小出口调节阀开度，启动备用泵 P101B，调节出口压力，压力达 9.0 atm（表）时，关泵 P101A，完成切换。

处理方法:

(1)关小 P101A 泵出口阀 V7。

(2)全开 P101B 泵入口阀 V6。

(3)启动备用泵 P101B。

(4)全开 P101B 泵出口阀 V8。

(5)待 PI101 压力达 9.0 atm 时,关 V7 阀。

(6)关闭 P101A 泵,关闭 P101A 泵入口阀 V5。

2. 调节阀 FIC102 阀卡

原因:FIC102 调节阀卡 20% 开度不动作。

现象:罐 V101 液位急剧上升,FIC102 流量减小。

处理:打开付线阀 V11,待流量正常后,关闭调节阀前后手阀。

处理方法:

(1)调节 FIC102 旁路阀 V11 开度。

(2)待 FIC102 流量正常后(20 000 kg/h),关闭 FIC102 前手阀 V9。

(3)待 FIC102 流量正常后(20 000 kg/h),关闭 FIC102 后手阀 V10。

(4)调节阀 FIC102 到手动,关闭调节阀 FIC102。

思考题

1. 通过本单元,理解什么是"过程动态平衡",掌握通过仪表画面了解液位发生变化的原因和解决的方法。

2. 请问在调节器 FIC103 和 FFIC104 组成的比值控制回路中,哪一个是主动量,为什么,并指出这种比值调节属于开环还是闭环控制回路?

3. 本仿真培训单元包括有串级、比值、分程三种复杂调节系统,请说出它们的特点。它们与简单控制系统的差别是什么?

4. 在开/停车时,为什么要特别注意维持流经调节阀 FV103 和 FFV104 的液体流量比值为 2?

5. 简述开/停车的注意事项。

项目二　离心泵操作实训

一、工艺流程说明

1. 工艺流程简介

离心泵是化工生产过程中输送液体的常用设备之一,其工作原理是靠离心泵内外压差不断地吸入液体,靠叶轮的高速旋转使液体获得动能,靠蜗壳将动能转化为静压能,从而达到输送液体的目的。

　　来自某一设备约40℃的带压液体经调节阀 LV101 进入带压罐 V101,罐液位由液位控制器 LIC101 通过调节 V101 的进料量来控制;罐内压力由 PIC101 分程控制,PV101A、PV101B 分别调节进入 V101 和出 V101 的氮气量,从而保持罐压恒定在 5.0 atm。罐内液体由泵 P101A/B 抽出,泵出口流量在流量调节器 FIC101 的控制下输送到其他设备。

　　2. 控制方案

　　本单元现场图中现场阀旁边的实心红色圆点代表高点排气和低点排液的指示标志,当完成高点排气和低点排液时实心红色圆点变为绿色。此标志在换热器单元的现场图中也有。

　　离心泵 DCS 流程图如图 1 - 3 所示,现场图如图 1 - 4 所示。

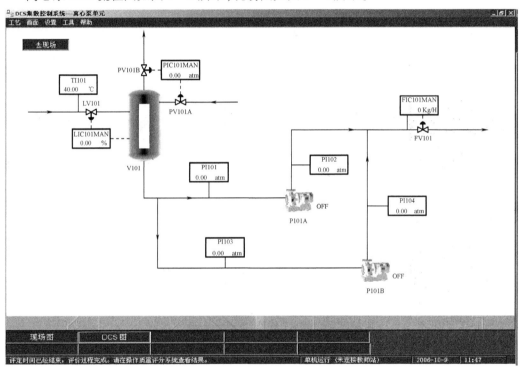

图 1 - 3　离心泵 DCS 流程图

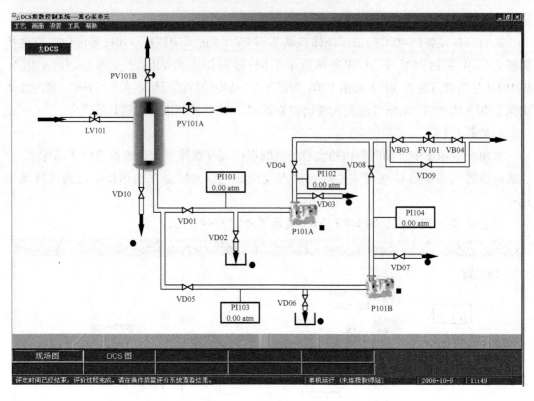

图1-4　离心泵现场图

二、主要设备、各类仪表和阀件说明

1.主要设备
主要设备见表1-3。

表1-3　主要设备

设备位号	V101	P101A	P101B
设备名称	离心泵前罐	离心泵A	离心泵B(备用泵)

2.仪表及报警一览表
各类仪表及报警一览表见表1-4。

表1-4　仪表及报警一览表

位号	说明	类型	正常值	量程上限	量程下限	工程单位	高报	低报
FIC101	离心泵出口流量	PID	20000.0	40000.0	0.0	kg/h		
LIC101	V101液位控制系统	PID	50.0	100.0	0.0	%	80.0	20.0

表 1 - 4（续）

位号	说明	类型	正常值	量程上限	量程下限	工程单位	高报	低报
PIC101	V101 压力控制系统	PID	5.0	10.0	0.0	atm（G）		2.0
PI101	泵 P101A 入口压力	AI	4.0	20.0	0.0	atm（G）		
PI102	泵 P101A 出口压力	AI	12.0	30.0	0.0	atm（G）	13.0	
PI103	泵 P101B 入口压力	AI		20.0	0.0	atm（G）		
PI104	泵 P101B 出口压力	AI		30.0	0.0	atm（G）	13.0	
TI101	进料温度	AI	50.0	100.0	0.0	℃		

任务一　冷态开车

1. 准备工作

（1）盘车。

（2）核对吸入条件。

（3）调整填料或机械密封装置。

2. 罐 V101 充液、充压

（1）向罐 V101 充液：

①打开 LIC101 调节阀，开度约为 30%，向 V101 罐充液。

②当 LIC101 达到 50% 时，LIC101 设定 50%，投自动。

（2）罐 V101 充压：

①待 V101 罐液位 >5% 后，缓慢打开分程压力调节阀 PV101A 向 V101 罐充压。罐 V101 液位控制在 50% 左右时 LIC101 投自动，罐 V101 液位控制 LIC101 设定值 50%。

②当压力升高到 5.0 atm 时，PIC101 设定 5.0 atm，投自动。

3. 启动泵前准备工作

（1）灌泵

待 V101 罐充压充到正常值 5.0 atm 后，打开 P101A 泵入口阀 VD01，向离心泵充液。观察 VD01 出口标志变为绿色后，说明灌泵完毕。

（2）排气

①打开 P101A 泵后排气阀 VD03 排放泵内不凝性气体。

②观察 P101A 泵后排空阀 VD03 的出口，当有液体溢出时，显示标志变为绿色，标志着 P101A 泵已无不凝气体，关闭 P101A 泵后排空阀 VD03，启动离心泵的准备工作已就绪。

4. 启动离心泵

（1）启动 P101A（或 B）泵。

（2）启动泵 A 的流体输送：

①待 PI102 指示入口压力为 PI101 的 2.0 倍后，打开 P101A 泵出口阀（VD04）。

②将 FIC101 调节阀的前阀、后阀打开。

③逐渐开大调节阀 FIC101 的开度,使 PI101、PI102 趋于正常值。

(3)启动泵 B 的流体输送:

①待 V101 压力达到正常值后,打开 P101B 前阀 VD05,再打开 VD07 排放不凝气体,待泵内不凝气体排尽后,关闭 VD07。

②启动 P101B 泵,待 PI104 指示压力比 PI103 大 2 倍后,打开泵出口阀 VD08。

(4)调整操作参数:

①打开 FIC101 阀的前阀 VB03,再打开 FIC101 阀的后阀 VB04。

②打开调节阀 FIC101,调节 FIC101 阀,使流量控制在 20 000 kg/h 时投自动。

任 务 二　正 常 运 行

1. 正常工况操作参数

(1)P101A 泵出口压力 PI102:12.0 atm。

(2)V101 罐液位 LIC101:50.0%。

(3)V101 罐内压力 PIC101:5.0 atm。

(4)泵出口流量 FIC101:20 000 kg/h。

2. 负荷调整

可任意改变泵、按键的开关状态,手操阀的开度及液位调节阀、流量调节阀、分程压力调节阀的开度,观察其现象。

P101A 泵功率正常值:15 kW;FIC101 量程正常值:20 t/h。

任 务 三　正 常 停 车

1. V101 罐停进料

LIC101 置手动,并手动关闭调节阀 LIC101,停 V101 罐进料。

2. 停泵 P101A

(1)FIC101 置手动,逐渐缓慢开大阀门 FV101,增大出口流量(防止 FI101 值超出高限:30 000)。

(2)待液位小于 10% 时,关闭 P101A 泵的后阀,停泵 P101A。

(3)关闭泵 P101 前阀 VD01。

(4)先关闭 FIC101 调节阀,再关闭 FIC101 调节阀前阀,最后关闭 FIC101 调节阀后阀。

3. 泵 P101A 泄液

打开泵 P101A 泄液阀 VD02,观察 P101A 泵泄液阀 VD02 的出口,当不再有液体泄出时,显示标志变为红色,关闭 P101A 泵泄液阀 VD02。

4. V101 罐泄压、泄液

(1)待 V101 罐液位小于 10% 时,打开 V101 罐泄液阀 VD10。

(2)待 V101 罐液位小于 5% 时,打开 PIC101 泄压阀。

(3)观察 V101 罐泄液阀 VD10 的出口,当不再有液体泄出时,显示标志变为红色,待罐

V101 液体排净后,关闭泄液阀 VD10。

任务四　事故处理

1. P101A 泵坏操作规程

事故现象:

(1)P101A 泵出口压力急剧下降。

(2)FIC101 流量急剧减小。

处理方法:切换到备用泵 P101B。

(1)将 FIC101 切换到手动,将 FIC101 阀关闭,全开 P101B 泵入口阀 VD05,向泵 P101B 灌液,全开排空阀 VD07 排 P101B 的不凝气,当显示标志变为绿色时,关闭 VD07。

(2)灌泵和排气结束后,启动 P101B。

(3)待 PI104 指示压力比 PI103 大 2 倍后,打开 P101B 出口阀 VD08。

(4)手动缓慢打开 FIC101,流量稳定后 FIC101 投自动,FIC101 设定值为 20 000。

(5)同时缓慢关闭 P101A 出口阀 VD04,以尽量减少流量波动。

(6)待 P101B 进出口压力指示正常,按停泵顺序停止 P101A 运转,关闭泵 P101A 入口阀 VD01。

(7)打开 P101A 前卸压阀 VD02,当不再有液体泄出时,显示标志变为红色,再关闭 VD02,并通知维修工。

2. 调节阀 FV101 阀卡操作规程

事故现象:FIC101 的液体流量不可调节。

处理方法:

(1)打开 FV101 的旁通阀 VD09,调节流量使其达到正常值 20 000 kg/h。

(2)先关闭 VB03,后 VB04。

(3)FIC101 转换为手动,手动关闭调节阀 FIC101。

(4)通知维修部门。

3. P101A 入口管线堵操作规程

事故现象:

(1)P101A 泵入口、出口压力急剧下降。

(2)FIC101 流量急剧减小到零。

处理方法:切换备用泵 P101B,关闭泵 P101A。

(1)将 FIC101 切换到手动,关闭 FIC101 阀。

(2)打开 P101B 泵前阀 VD05。

(3)打开 VD07 排放不凝气体,待不凝气体排尽后,关闭 VD07。

(4)启动 P101B 泵,待 PI104 指示压力比 PI103 大 2 倍后,打开出口阀 VD08。

(5)手动缓慢打开 FIC101,流量稳定后 FIC101 投自动,FIC101 设定值为 20 000。

(6)先关闭阀 VD04,再关闭 P101A。

(7)关闭 P01A 泵前阀 VD01,打开 P101A 泵前卸液阀 VD02,当不再有液体泄出时,显示标志变为红色,关闭 P101A 泵泄液阀 VD02。

4. P101A 泵气蚀操作规程

事故现象:

(1)P101A 泵入口、出口压力上下波动。

(2)P101A 泵出口流量波动(大部分时间达不到正常值)。

处理方法:按泵的切换步骤切换到备用泵 P101B。

(1)将 FIC101 切换到手动,关闭 FIC101 阀。

(2)打开 P101B 泵前阀 VD05。

(3)打开 VD07 排放不凝气体,待不凝气体排尽后,关闭 VD07。

(4)启动 P101B 泵,待 PI104 指示压力比 PI103 大 2 倍后,打开出口阀 VD08。

(5)手动缓慢打开 FIC101,流量稳定后 FIC101 投自动,FIC101 设定值为 20 000。

(6)先关闭阀 VD04,再关闭 P101A。

(7)关闭 P01A 泵前阀 VD01,打开 P101A 泵前卸液阀 VD02,当不再有液体泄出时,显示标志变为红色,关闭 P101A 泵泄液阀 VD02。

5. P101A 泵气缚操作规程

事故现象:

(1)P101A 泵入口、出口压力急剧下降。

(2)FIC101 流量急剧减少。

处理方法:按泵的切换步骤切换到备用泵 P101B。

(1)将 FIC101 切换到手动,关闭 FIC101 阀。

(2)先关闭 P101A 泵后阀 VD04,再关闭 P101A 泵。

(3)关闭 P101A 泵前阀 VD01。

(4)打开 P101A 泵前阀 VD01。

(5)打开 VD03 排放不凝气体,待泵内不凝气体排尽后,关闭 VD03。

(6)启动 P101A 泵,待 PI102 指示压力比 PI101 大 2 倍后,打开出口阀 VD04。

(7)手动缓慢打开 FIC101,流量稳定后 FIC101 投自动,FIC101 设定值为 20 000。

思考题

1. 简述离心泵的工作原理和结构。

2. 举例说出除离心泵以外你所知道的其他类型的泵。

3. 什么叫气蚀现象,气蚀现象有什么破坏作用?

4. 发生气蚀现象的原因有哪些? 如何防止气蚀现象的发生?

5. 为什么启动前一定要将离心泵灌满被输送液体?

6. 离心泵在启动和停止运行时泵的出口阀应处于什么状态,为什么?

7. 泵 P101A 和泵 P101B 在进行切换时,应如何调节其出口阀 VD04 和 VD08,为什么?

8. 一台离心泵在正常运行一段时间后,流量开始下降,可能是由哪些原因导致的?

9. 离心泵出口压力过高或过低应如何调节?

10. 离心泵入口压力过高或过低应如何调节?

11. 若两台性能相同的离心泵串联操作,其输送流量和扬程与单台离心泵相比有什么变化? 若两台性能相同的离心泵并联操作,其输送流量和扬程与单台离心泵相比有什么变化?

项目三　单级压缩机操作实训

一、工艺流程

透平压缩机是进行气体压缩的常用设备。它以汽轮机(蒸汽透平)为动力,蒸汽在汽轮机内膨胀做功驱动压缩机主轴,主轴带动叶轮高速旋转。被压缩气体从轴向进入压缩机叶轮在高速转动的叶轮作用下随叶轮高速旋转并沿半径方向甩出叶轮,叶轮在汽轮机的带动下高速旋转把所得到的机械能传递给被压缩气体。因此,气体在叶轮内的流动过程中,一方面受离心力作用增加了气体本身的压力;另一方面得到了很大的动能。气体离开叶轮进入流通面积逐渐扩大的扩压器,气体流速急剧下降,动能转化为压力能(势能),气体的压力进一步提高,使气体压缩。

本仿真培训系统选用甲烷单级透平压缩的典型流程作为仿真对象。

在生产过程中产生的压力为 $1.2 \sim 1.6$ kg/cm^2(绝),温度为 30 ℃左右的低压甲烷经 VD01 阀进入甲烷贮罐 FA311,罐内压力控制在 300 mmH_2O。甲烷从贮罐 FA311 出来,进入压缩机 GB301,经过压缩机压缩,出口排出压力为 4.03 kg/cm^2(绝),温度为 160 ℃的中压甲烷,然后经过手动控制阀 VD06 进入燃料系统。

该流程为了防止压缩机发生喘振,设计了由压缩机出口至贮罐 FA311 的返回管路,即由压缩机出口经过换热器 EA305 和 PV304B 阀到贮罐的管线。返回的甲烷经冷却器 EA305 冷却。另外贮罐 FA311 有一超压保护控制器 PIC303,当 FA311 中压力超高时,低压甲烷可以经 PIC303 控制放火炬,使罐中压力降低。压缩机 GB301 由蒸汽透平 GT301 同轴驱动,蒸汽透平的供汽为压力 15 kg/cm^2(绝)的来自管网的中压蒸汽,排汽为压力 3 kg/cm^2(绝)的降压蒸汽,进入低压蒸汽管网。

流程中共有两套自动控制系统:PIC303 为 FA311 超压保护控制器,当贮罐 FA311 中压力过高时,自动打开放火炬阀。PRC304 为压力分程控制系统,当此调节器输出在 50% ~ 100% 范围内时,输出信号送给蒸汽透平 GT301 的调速系统,即 PV304A,用来控制中压蒸汽的进汽量,使压缩机的转速在 $3\,350 \sim 4\,704$ r/min 之间变化,此时 PV304B 阀全关。当此调节器输出在 0% 到 50% 范围内时,PV304B 阀的开度对应在 100% 至 0% 范围内变化。透平在起始升速阶段由手动控制器 HC311 手动控制升速,当转速大于 $3\,450$ r/min 时可由切换开关切换到 PIC304 控制。

压缩机 DCS 流程图如图 1 - 5 所示,压缩机现场图如图 1 - 6 所示。

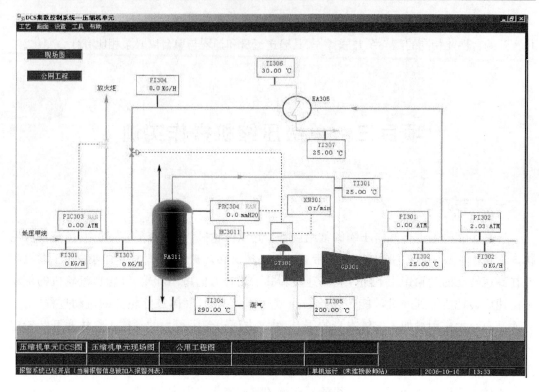

图 1-5 压缩机 DCS 流程图

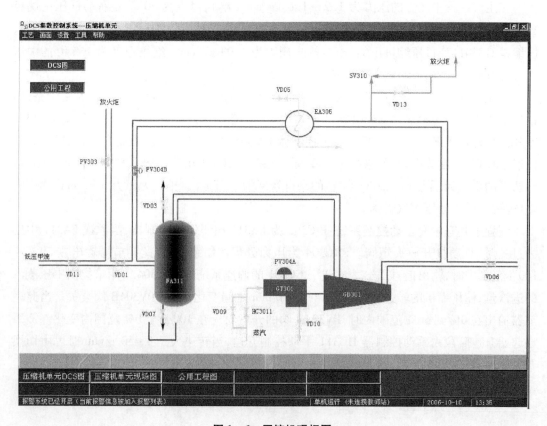

图 1-6 压缩机现场图

二、复杂控制回路说明

分程控制就是由一只调节器的输出信号控制两只或更多只的调节阀,每只调节阀在调节器的输出信号的某段范围中工作。

应用实例:关于压缩机手动自动切换开关的说明

压缩机切换开关的作用:当压缩机切换开关指向 HC3011 时,压缩机转速由 HC3011 控制;当压缩机切换开关指向 PRC304 时,压缩机转速由 PRC304 控制。PRC304 为一分程控制阀,分别控制压缩机转速(主气门开度)和压缩机反喘振线上的流量控制阀。当 PRC304 逐渐开大时,压缩机转速逐渐上升(主气门开度逐渐加大),压缩机反喘振线上的流量控制阀逐渐关小,最终关闭。

三、联锁说明

1. 联锁源

(1)现场手动紧急停车(紧急停车按钮)。

(2)压缩机喘振。

2. 联锁动作

(1)关闭透平主汽阀及蒸汽出口阀。

(2)全开放空阀 PV303。

(3)全开防喘振线上 PV304B 阀。

该联锁有一现场旁路键(BYPASS),另有一现场复位键(RESET)。

注:联锁发生后,在复位前(RESET),应首先将 HC3011 置零,将蒸汽出口阀 VD10 关闭,同时各控制点应置手动,并设成最低值。

四、主要设备与仪器

1. 主要设备

主要设备见表 1-5。

表 1-5　主要设备

设备位号	设备名称	设备位号	设备名称
FA311	低压甲烷储罐	GB301	单级压缩机
GT301	蒸汽透平	EA305	压缩机冷却器

2. 主要仪器

主要仪器见表 1-6。

表 1-6 主要仪器

位号	说明	类型	正常值	量程上限	量程下限	工程单位
PIC303	放火炬控制系统	PID	0.1	4.0	0.0	atm
PIC304	储罐压力控制系统	PID	295.0	40 000.0	0.0	mmH_2O
PI301	压缩机出口压力	AI	3.03	5.0	0.0	atm
PI302	燃料系统入口压力	AI	2.03	5.0	0.0	atm
FI301	低压甲烷进料流量	AI	3 233.4	5 000.0	$\times 10^{-6}$	kg/h
FI302	燃料系统入口流量	AI	3 201.6	5 000.0	$\times 10^{-6}$	kg/h
FI303	低压甲烷入罐流量	AI	3 201.6	5 000.0	$\times 10^{-6}$	kg/h
FI304	中压甲烷回流流量	AI	0.0	5 000.0	$\times 10^{-6}$	kg/h
TI301	低压甲烷入压缩机温度	AI	30.0	200.0	0.0	℃
TI302	压缩机出口温度	AI	160.0	200.0	0.0	℃
TI304	透平蒸汽入口温度	AI	290.0	400.0	0.0	℃
TI305	透平蒸汽出口温度	AI	200.0	400.0	0.0	℃
TI306	冷却水入口温度	AI	30.0	100.0	0.0	℃
TI307	冷却水出口温度	AI	30.0	100.0	0.0	℃
XN301	压缩机转速	AI	4 480.0	4 500	0	r/min
HX311	FA311 罐液位	AI	50.0	100.0	0.0	%

任务一 冷态开车

1. 开车前准备工作

(1)启动公用工程:按公用工程按钮,公用工程投用。

(2)油路开车:按油路按钮。

(3)盘车。

①按盘车按钮开始盘车。

②待转速升到 199 r/min 时,停盘车(盘车前先打开 PV304B 阀)。

(4)暖机:按暖机按钮。

(5)EA305 冷却水投用:打开换热器冷却水阀门 VD05,开度为 50%。

2. 罐 FA311 充低压甲烷

(1)打开 PIC303 调节阀放火炬,开度为 50%。

(2)打开 FA311 入口阀 VD11 开度为 50%,微开 VD01。

(3)打开 PV304B 阀,缓慢向系统充压,调整 FA311 顶部安全阀 VD03 和 VD01,使系统压力维持 300 ~ 500 mmH_2O。

(4)调节 PIC303 阀门开度,使压力维持在 0.1 atm。

3. 透平单级压缩机开车

(1)手动升速。

①缓慢打开透平低压蒸汽出口截止阀 VD10,开度递增级差保持在 10% 以内。

②将调速器切换开关切到 HC3011 方向。

③手动缓慢打开 HC3011,开始压缩机升速,开度递增级差保持在 10% 以内。使透平压缩机转速在 250~300 r/min。

(2)跳闸实验(视具体情况决定此操作的进行)。

①按紧急停车按钮。

②按动紧急停车按钮进行跳闸试验,试验后压缩机转速 XN301 迅速下降为零。

③手关 HC3011,开度为 0.0%,关闭蒸汽出口阀 VD10,开度为 0.0%。

④按压缩机复位按钮。

(3)重新手动升速。

①重复 1.3 步骤(1),缓慢升速至 1 000 r/min。

②HC3011 开度递增级差保持在 10% 以内,升转速至 1 000 r/min。

③继续开大 HC3011,使压缩机转速升至 3 350 r/min。

(4)启动调速系统。

①将调速器切换开关切到 PIC304 方向。

②缓慢打开 PV304A 阀(即 PIC304 阀门开度大于 50.0%),若阀开得太快会发生喘振。调大 PRC304 输出值,使阀 PV304B 缓慢关闭,同时可适当打开出口安全阀旁路阀(VD13)调节出口压力,使 PI301 压力维持在 3.03 atm,防止喘振发生。

(5)调节操作参数至正常值。

①当 PI301 压力指示值为 3.03 atm 时,一边关出口放火炬旁路阀 VD13,一边打开 VD06 去燃料系统阀,同时相应关闭 PIC303 放火炬阀。

②通过改变 VD03 大小,控制入口压力 PRC304 在 300 mmH_2O。

③逐步开大阀 PV304A,使压缩机慢慢升速至 4 480 r/min。

④PIC303 设定为 295 mmH_2O,投自动。

⑤顶部安全阀 VD03 缓慢关闭。

任务二　正常运行

1. 正常工况下工艺参数

(1)储罐 FA311 压力 PIC304:295 mmH_2O。

(2)压缩机出口压力 PI301:3.03 atm,燃料系统入口压力 PI302:2.03 atm。

(3)低压甲烷流量 FI301:3 232.0 kg/h。

(4)中压甲烷进入燃料系统流量 FI302:3 200.0 kg/h。

(5)压缩机出口中压甲烷温度 TI302:160.0 ℃。

2. 压缩机防喘振操作

（1）启动调速系统后，必须缓慢开启 PV304A 阀，此过程中可适当打开出口安全阀旁路阀调节出口压力，以防喘振发生。

（2）当有甲烷进入燃料系统时，应关闭 PIC303 阀。

（3）当压缩机转速达全速时，应关闭出口安全旁路阀。

任务三　正常停车与紧急停车

1. 正常停车过程

（1）停调速系统：

①确认联锁已被摘除。

②将 PRC304 投手动。

③逐渐减小 PRC304 的输出值，使 PV304A 关闭。

④缓慢打开 PV304B，将 PIC303 投手动。

⑤调大 PIC303 的输出值，打开 PV303 阀放火炬。

⑥开启安全阀旁路阀 VD13，关闭去燃料系统阀 VD06。

（2）手动降速：

①将 HC3011 开度置为 100.0%。

②将调速开关切换到 HC3011 方向。

③缓慢关闭 HC3011，同时逐渐关小透平蒸汽出口阀 VD10。

④当压缩机转速降为 300～500 r/min 时，按紧急停车按钮。

⑤关闭透平蒸汽出口阀 VD10。

（3）停 FA311 进料：

①关闭 FA311 入口阀 VD01、VD11。

②用 PIC303 关放火炬阀 PV303。

③关 FA311 进口阀 VD11。

④关换热器冷却水 VD05。

2. 紧急停车

（1）按紧急停车按钮。

（2）确认 PV304B 阀及 PIC303 置于打开状态。

（3）关闭透平蒸汽入口阀及出口阀 VD10。

（4）甲烷气由 PV303 排放火炬。

（5）停 FA311 进料：

①关 FA311 进口阀 VD01。

②用 PIC303 关放火炬阀 PV303。

③关 FA311 进口阀 VD11。

④关换热器冷却水 VD05。

任务四　事故处理

1. 入口压力过高

主要现象:FA311 罐中压力上升。

处理方法:

①手动适当打开 PV303 的放火炬阀。

②将 PIC303 投自动。

2. 出口压力过高

主要现象:压缩机出口压力上升。

处理方法:开大去燃料系统阀 VD06。

3. 入口管道破裂

主要现象:贮罐 FA311 中压力下降。

处理方法:开大 FA311 入口阀 VD01、VD11。

4. 出口管道破裂

主要现象:压缩机出口压力下降。

处理方法:

(1)紧急停车。

①关闭中压甲烷去燃料系统阀 VD06 紧急。

②关闭透平蒸气出口阀 VD10。

③大 PIC303 输出值,打开放火炬 PV303。

(2)停止 FA311 进料。

①关 FA311 进口阀 VD01。

②用 PIC303 关放火炬阀 PV303。

③关 FA311 进口阀 VD11 和换热器冷却水 VD05。

5. 入口温度过高

主要现象:TI301 及 TI302 指示值上升。

处理方法:

(1)紧急停车。

①按紧急停车按钮。

② 关闭中压甲烷去燃料系统阀 VD06。

③调大 PIC303 输出值,打开放火炬 PV303。

④关闭透平蒸气出口阀 VD10。

(2)停止 FA311。

①关闭透平蒸气出口阀 VD10。

②用 PIC303 关放火炬阀 PV303。

③关 FA311 进口阀 VD11 和换热器冷却水 VD05。

思考题

1. 什么是喘振,如何防止喘振?
2. 在手动调速状态,为什么防喘振线上的防喘振阀 PV304B 全开可以防止喘振?
3. 结合"伯努利"方程,说明压缩机如何通过做功,进行动能、压力和温度之间的转换。
4. 根据本单元,理解盘车、手动升速、自动升速的概念。

项目四　多级压缩机操作实训

一、工艺流程简述

1. CO_2 流程说明

来自合成氨装置的原料气 CO_2 压力为 150 kPa(A),温度为 38 ℃,流量由 FR8103 计量,进入 CO_2 压缩机一段分离器 V-111,在此分离掉 CO_2 气体中夹带的液滴后进入 CO_2 压缩机的一段入口,经过一段压缩后,CO_2 压力上升为 0.38 MPa(A),温度 194 ℃,进入一段冷却器 E-119 用循环水冷却到 43 ℃,为了保证尿素装置防腐所需氧气,在 CO_2 进入 E-119 前加入适量来自合成氨装置的空气,流量由 FRC-8101 调节控制,CO_2 气体中氧含量 0.25% ~ 0.35%,在一段分离器 V-119 中分离掉液滴后进入二段进行压缩,二段出口 CO_2 压力1.866 MPa(A),温度为 227 ℃。然后进入二段冷却器 E-120 冷却到 43 ℃,并经二段分离器 V-120 分离掉液滴后进入三段。

在三段入口处设有段间放空阀,便于低压缸 CO_2 压力控制和快速泄压。CO_2 经三段压缩后压力升到 8.046 MPa(A),温度 214 ℃,进入三段冷却器 E-121 中冷却。为防止 CO_2 过度冷却而生成干冰,在三段冷却器冷却水回水管线上设有温度调节阀 TV-8111,用此阀来控制四段入口 CO_2 温度 50 ~ 55 ℃。冷却后的 CO_2 进入四段压缩后压力升到 15.5 MPa(A),温度为 121 ℃,进入尿素高压合成系统。为防止 CO_2 压缩机高压缸超压、喘振,在四段出口管线上设计有四回一阀 HV-8162(即 HIC8162)。

2. 蒸汽流程说明

主蒸汽压力5.882 MPa。温度450 ℃,流量82 t/h,进入透平做功,其中一大部分在透平中部被抽出,抽汽压力 2.598 MPa,温度 350 ℃,流量 54.4 t/h,送至框架;另一部分通过中压调节阀进入透平后汽缸继续做功,做完功后的乏汽进入蒸汽冷凝系统。

3. 工艺报警及联锁说明

为了保证工艺、设备的正常运行,防止事故发生,在设备重点部位安装检测装置并在辅助控制盘上设有报警灯进行提示,以提前进行处理将事故消除。

工艺联锁是设备处于不正常运行时的自保系统,本单元设计了两个联锁自保措施:

（1）压缩机振动超高联锁（发生喘振）。

①动作

20 s 后（主要是为了方便培训人员处理）自动进行以下操作：

·关闭透平速关阀 HS8001、调速阀 HIC8205、中压蒸汽调压阀 PIC8224；

·全开防喘振阀 HIC8162、段间放空阀 HIC8101。

②处理

在辅助控制盘上按 RESET 按钮，按冷态开车中暖管暖机开始重新开车。

（2）油压低联锁。

①动作

自动进行以下操作：

·关闭透平速关阀 HS8001、调速阀 HIC8205、中压蒸汽调压阀 PIC8224；

·全开防喘振阀 HIC8162、段间放空阀 HIC8101。

②处理

找到并处理造成油压低的原因后，在辅助控制盘上按 RESET 按钮，按冷态开车中油系统开车重新开车。

4. 工艺流程图

CO_2 气路系统 DCS 图见图 1－7，CO_2 气路系统现场图见图 1－8，透平和油系统 DCS 图见图 1－9，透平和油系统现场图见图 1－10，辅助控制盘见图 1－11。

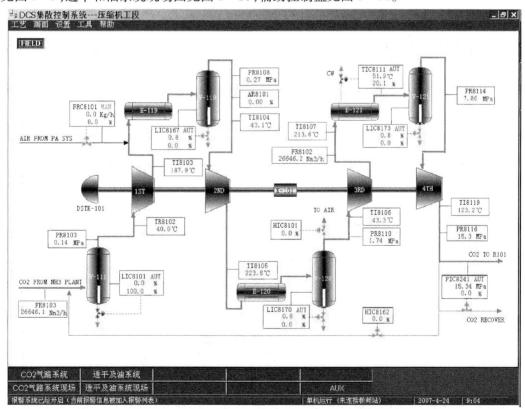

图 1－7 CO_2 气路系统 DCS 图

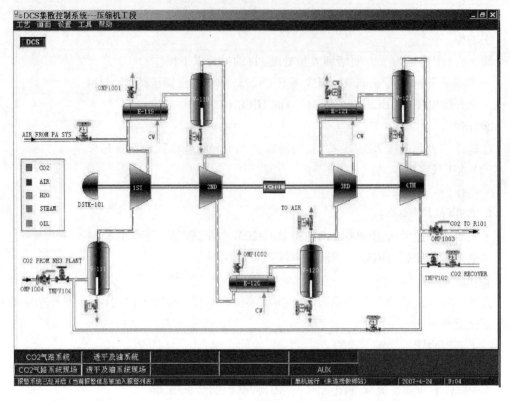

图 1 - 8　CO₂ 气路系统现场图

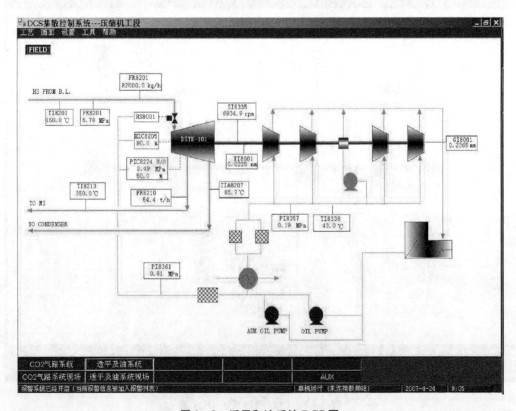

图 1 - 9　透平和油系统 DCS 图

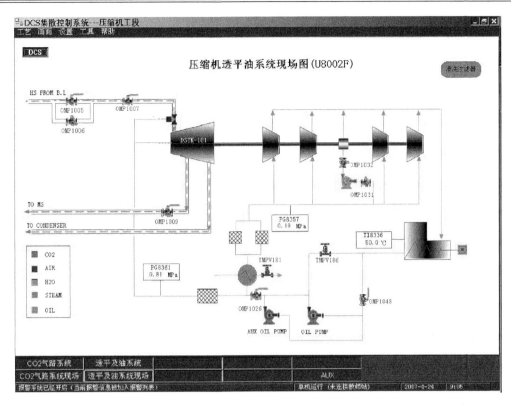

图1-10　透平和油系统现场图

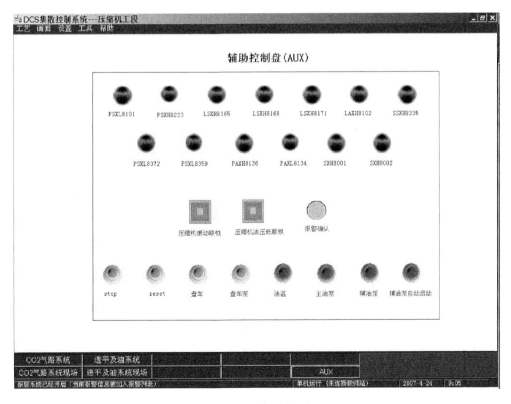

图1-11　辅助控制盘

二、工艺仿真范围

1. 工艺范围

二氧化碳压缩、透平机、油系统。

2. 边界条件

所有各公用工程部分,如水、电、气、风等均处于正常平稳状况。

3. 现场操作

现场手动操作的阀、机、泵等,根据开车、停车及事故设定的需要等进行设计。调节阀的前后截止阀不进行仿真。

三、主要设备

1. CO_2 气路系统

E-119、E-120、E-121、V111、V119、V120、V121、K-101。

2. 蒸气透平及油系统

DSTK-101、油箱、油温控制器、油泵、油冷器、油过滤器、盘车油泵、稳压器、速关阀、调速器、调压器。

3. 设备说明(E:换热器;V:分离器)

主要设备见表1-7。

表1-7 主要设备

流程图位号	主要设备
U8001	E-119(CO_2 一段冷却器),E-120(CO_2 二段冷却器), E-121(CO_2 二段冷却器),V111(CO_2 一段分离器), V120(CO_2 二段分离器),V121(CO_2 三段分离器) DSTK-101(CO_2 压缩机组透平)
U8002	DSTK-101、油箱、油泵、油冷器、油过滤器、盘车油泵

4. 主要控制阀

(1)主要控制阀见表1-8。

表1-8 主要控制阀

位号	说明	所在流程图位号
FRC8103	配空气流量控制	U8001
LIC8101	V111 液位控制	U8001
LIC8167	V119 液位控制	U8001
LIC8170	V120 液位控制	U8001
LIC8173	V121 液位控制	U8001
HIC8101	段间放空阀	U8001

表 1-8(续)

位号	说明	所在流程图位号
HIC8162	四回一防喘振阀	U8001
PIC8241	四段出口压力控制	U8001
HS8001	透平蒸汽速关阀	U8002
HIC8205	调速阀	U8002
PIC8224	抽出中压蒸汽压力控制	U8002

(2)工艺报警及联锁触发值。

工艺报警及联锁触发值见表 1-9。

表 1-9 工艺报警及联锁触发值

位号	检测点	触发值
PSXL8101	V111 压力	≤0.09 MPa
PSXH8223	蒸汽透平背压	≥2.75 MPa
LSXH8165	V119 液位	≥85%
LSXH8168	V120 液位	≥85%
LSXH8171	V121 液位	≥85%
LAXH8102	V111 液位	≥85%
SSXH8335	压缩机转速	≥7 200 r/min
PSXL8372	控制油油压	≤0.85 MPa
PSXL8359	润滑油油压	≤0.2 MPa
PAXH8136	CO_2 四段出口压力	≥16.5 MPa
PAXL8134	CO_2 四段出口压力	≤14.5 MPa
SXH8001	压缩机轴位移	≥0.3 mm
SXH8002	压缩机径向振动	≥0.03 mm
振动联锁		XI8001≥0.05 mm 或 GI8001≥0.5 mm(20 s 后触发)
油压联锁		PI8361≤0.6 MPa
辅油泵自启动联锁		PI8361≤0.8 MPa

任务一 冷态开车

1. 准备工作:引循环水

(1)压缩机岗位 E119 开循环水阀 OMP1001,引入循环水。

(2)压缩机岗位 E120 开循环水阀 OMP1002,引入循环水。

(3)压缩机岗位 E121 开循环水阀 TIC8111,引入循环水。

2. CO_2 压缩机油系统开车

(1)在辅助控制盘上启动油箱油温控制器 OMP1045,将油温升到 40 ℃左右。

(2)打开油泵的前切断阀 OMP1048。

(3)打开油泵的后切断阀 OMP102。

(4)从辅助控制盘上开启主油泵 OIL PUMP。

(5)调整油泵回路阀 TMPV186,将控制油压力控制在 0.9 MPa 以上。

3. 盘车

(1)开启盘车泵的前切断阀 OMP1031。

(2)开启盘车泵的后切断阀 OMP1032。

(3)从辅助控制盘启动盘车泵。

(4)在辅助控制盘上按盘车按钮盘车至转速大于 150 r/min。

(5)检查压缩机有无异常响声,检查振动、轴位移等。

4. 停止盘车

(1)在辅助控制盘上按盘车按钮停盘车。

(2)从辅助控制盘停盘车泵。

(3)关闭盘车泵的后切断阀 OMP1032。

(4)关闭盘车泵的前切断阀 OMP1031。

5. 联锁试验

(1)油泵自启动试验。

主油泵启动且将油压控制正常后,在辅助控制盘上将辅助油泵自动启动按钮按下,按一下 RESET 按钮,打开透平蒸汽速关阀 HS8001,再在辅助控制盘上按停主油泵,辅助油泵应该自行启动,联锁不应动作。

(2)低油压联锁试验。

主油泵启动且将油压控制正常后,确认在辅助控制盘上没有将辅助油泵设置为自动启动,按一下 RESET 按钮,打开透平蒸汽速关阀 HS8001。

关闭四回一阀和段间放空阀,通过油泵回路阀缓慢降低油压,当油压降低到一定值时,仪表盘 PSXL8372 应该报警,按确认后继续开大阀降低油压,检查联锁是否动作,动作后透平蒸汽速关阀 HS8001 应该关闭,关闭四回一阀,段间放空阀应该全开。

(3)停车试验。

主油泵启动且将油压控制正常后,按一下 RESET 按钮,打开透平蒸汽速关阀 HS8001,关闭四回一阀和段间放空阀,在辅助控制盘上按一下 STOP 按钮,透平蒸汽速关阀 HS8001 应该关闭,关闭四回一阀,段间放空阀。

6. 暖管暖机

在辅助控制盘上按辅油泵自动启动按钮,将辅油泵设置为自启动。

(1)打开入界区蒸汽副线阀 OMP1006,准备引蒸汽。

(2)打开蒸汽透平主蒸汽管线上的切断阀 OMP1007,压缩机暖管。

(3)全开 CO_2 放空截止阀 TMPV102。

(4)全开 CO_2 放空调节阀 PIC8241。

(4)透平入口管道内蒸汽压力上升到 5.0 MPa 后,开入界区蒸汽阀 OMP1005。

(5)关副线阀 OMP1006。

（6）打开 CO_2 进料总阀 OMP1004。

（7）全开 CO_2 进口控制阀 TMPV104。

（8）打开透平抽出截止阀 OMP1009。

（9）从辅助控制盘上按一下 RESET 按钮，准备冲转压缩机。

（10）打开透平速关阀 HS8001。

（11）逐渐打开阀 HIC8205，将转速 SI8335 提高到 1 000 r/min，进行低速暖机。

（12）控制转速 1 000，暖机 15 min（模拟为 2 min）。

（13）打开油冷器冷却水阀 TMPV181。

（14）暖机结束，将机组转速缓慢提到 2 000 r/min，检查机组运行情况。

（15）检查压缩机有无异常响声，检查振动、轴位移等。

（16）控制转速 2 000 r/min，停留 15 min（模拟为 2 min）。

7. 过临界转速

继续开大 HIC8205，将机组转速缓慢提到 3 000 r/min，准备过临界转速（3 000 ~ 3 500 r/min）。

（1）继续开大 HIC8205，用 20 ~ 30 s 的时间将机组转速缓慢提到 4 000 r/min，通过临界转速。

（2）逐渐打开 PIC8224 到 50%。

（3）缓慢将段间放空阀 HIC8101 关小到 72%。

（4）将 V111 液位控制 LIC8101 投自动，设定值在 20% 左右。

（5）将 V119 液位控制 LIC8167 投自动，设定值在 20% 左右。

（6）将 V120 液位控制 LIC8170 投自动，设定值在 20% 左右。

（7）将 V121 液位控制 LIC8173 投自动，设定值在 20% 左右。

（8）将 TIC8111 投自动，设定值在 52 ℃ 左右。

8. 升速升压

继续开大 HIC8205，将机组转速缓慢提到 5 500 r/min。

（1）缓慢将段间放空阀 HIC8101 关小到 50%。

（2）继续开大 HIC8205，将机组转速缓慢提到 6 050 r/min。

（3）缓慢将段间放空阀 HIC8101 关小到 25%。

（4）缓慢将四回一阀 HIC8162 关小到 75%。

（5）继续开大 HIC8205，将机组转速缓慢提到 6 400 r/min。

（6）缓慢将段间放空阀 HIC8101 关闭。

（7）缓慢将四回一阀 HIC8162 关闭。

（8）继续开大 HIC8205，将机组转速缓慢提到 6 935 r/min。

（9）调整 HIC8205，将机组转速稳定在 6 935 r/min。

9. 投料

（1）逐渐关小 PIC8241，缓慢将压缩机四段出口压力提升到 14.4 MPa，平衡合成系统压力。

（2）打开 CO_2 出口阀 OMP1003。

（3）继续手动关小 PIC8241，缓慢将压缩机四段出口压力提升到 15.4 MPa，将 CO_2 引入合成系统。

（4）当控制 PIC8241 稳定在 15.4 MPa 左右后，将其设定在 15.4 投自动。

（5）将 PIC8241 的 SP 值设定在 15.4 MPa。

任务二　正常运行

正常操作工艺指标见表 1－10。

表 1－10　正常操作工艺指标

表位号	测量点位置	常值	单位
TR8102	CO_2 原料气温度	40	℃
TI8103	CO_2 压缩机一段出口温度	190	℃
PR8108	CO_2 压缩机一段出口压力	0.28	MPa(G)
TI8104	CO_2 压缩机一段冷却器出口温度	43	℃
FRC8101	二段空气补加流量	330	kg/h
FR8103	CO_2 吸入流量	27 000	Nm^3/h
FR8102	三段出口流量	27 330	Nm^3/h
AR8101	含氧量	0.25~0.3	%
TE8105	CO_2 压缩机二段出口温度	225	℃
PR8110	CO_2 压缩机二段出口压力	1.8	MPa(G)
TI8106	CO_2 压缩机二段冷却器出口温度	43	℃
TI8107	CO_2 压缩机三段出口温度	214	℃
PR8114	CO_2 压缩机三段出口压力	8.02	MPa(G)
TIC8111	CO_2 压缩机三段冷却器出口温度	52	℃
TI8119	CO_2 压缩机四段出口温度	120	℃
PIC8241	CO_2 压缩机四段出口压力	15.4	MPa(G)
PIC8224	出透平中压蒸汽压力	2.5	MPa(G)
Fr8201	入透平蒸汽流量	82	t/h
FR8210	出透平中压蒸汽流量	54.4	t/h
TI8213	出透平中压蒸汽温度	350	℃
TI8338	CO_2 压缩机油冷器出口温度	43	℃
PI8357	CO_2 压缩机油滤器出口压力	0.25	MPa(G)
PI8361	CO_2 控制油压力	0.95	MPa(G)
SI8335	压缩机转速	6 935	r/min
XI8001	压缩机振动	0.022	mm
GI8001	压缩机轴位移	0.24	mm

任务三　正常停车

1. CO_2 压缩机停车

(1) 调节 HIC8205,将转速降至 6 500 r/min。

(2) 调节 HIC8162,将负荷减至 21 000 Nm^3/h。

(3) 继续调节 HIC8162 抽汽与注汽量,直至 HIC8162 全开。

(4) 手动缓慢打开 PIC8241,将四段出口压力降到 14.5 MPa 以下,CO_2 退出合成系统。

(5) 关闭 CO_2 入合成总阀 OMP1003。

(6) 继续开大 PIC8241,缓慢降低四段出口压力到 8.0～10.0 MPa。

(7) 调节 HIC8205,将转速降至 6 403 r/min。

(8) 继续调节 HIC8205,将转速降至 6 052 r/min。

(9) 调节 PIC8241,将四段出口压力降至 4.0 MPa。

(10) 继续调节 HIC8205,将转速降至 3 000 r/min。

(11) 继续调节 HIC8205,将转速降至 2 000 r/min。

(12) 在辅助控制盘上按 STOP 按钮,停压缩机。

(13) 关闭 CO_2 入压缩机控制阀 TMPV104。

(14) 关闭 CO_2 入压缩机总阀 OMP1004。

(15) 关闭蒸汽抽出至 MS 总阀 OMP1009。

(16) 关闭蒸汽至压缩机工段总阀 OMP1005。

(17) 关闭压缩机蒸汽入口阀 OMP1007。

2. 油系统停车

(1) 从辅助控制盘上取消辅油泵自启动。

(2) 从辅助控制盘上停运主油泵。

(3) 关闭油泵进口阀 OMP1048。

(4) 关闭油泵出口阀 OMP1026。

(5) 关闭油冷器冷却水阀 TMPV181。

(6) 从辅助控制盘上停油温控制。

任务四　事故处理

1. 压缩机振动大

(1) 原因

机械方面的原因包括轴承磨损、平衡盘密封环、找正不良、轴弯曲、连轴节松动等设备本身的原因;

转速控制方面的原因是机组接近临界转速下运行产生共振;

工艺控制方面的原因主要是操作不当造成计算机喘振。

(2) 处理措施(模拟中只有 20 s 的处理时间,处理不及时就会发生联锁停车)

机械方面故障需停车检修。

产生共振时,需改变操作转速,另外在开、停车过程中过临界转速时应尽快通过。

当压缩机发生喘振时,找出发生喘振的原因,并采取相应的措施:

①入口气量过小。打开防喘振阀 HIC8162,开大入口控制阀开度。

②出口压力过高。打开防喘振阀 HIC8162,开大四段出口排放调节阀开度。

③操作不当,开关阀门动作过大时,打开防喘振阀 HIC8162,消除喘振后再精心操作。

(3)消除喘振的措施

①立即全开防喘振阀 HIC8162。

②手动打开压力排放调节阀 PIC8241 至 25% 以上。

③将 CO_2 入口控制阀开大到 50%。

(4)预防措施

①离心式压缩机一般都设有振动检测装置,在生产过程中应经常检查,发现轴振动或位移过大,应分析原因,及时处理。

②喘振预防:应经常注意压缩机气量的变化,严防入口气量过小而引发喘振。在开车时应遵循"升压先升速"的原则,先将防喘振阀打开,当转速升到一定值后,再慢慢关小防喘振阀,将出口压力升到一定值,然后再升速,使升速、升压交替缓慢进行,直到满足工艺要求。停车时应遵循"降压先降速"的原则,先将防喘振阀打开一些,将出口压力降低到某一值,然后再降速,降速、降压交替进行,至泄完压力再停机。

2. 压缩机辅助油泵自动启动

(1)原因

辅助油泵自动启动的原因是油压低引起的自保措施,一般情况下是由以下两种原因引起的:①油泵出口过滤器有堵;②油泵回路阀开度过大。

(2)处理措施

①关小油泵回路阀;

②按过滤器清洗步骤清洗油过滤器;

③从辅助控制盘停辅助油泵;

④手动关闭段间放空阀 HIC8101;

⑤手动关闭四回一阀 HIC8162;

⑥打开透平速关阀 HS8001。

(3)预防措施

油系统正常运行是压缩机正常运行的重要保证,因此,压缩机的油系统也设有各种检测装置,如油温、油压、过滤器压降、油位等,生产过程中要经常对这些内容进行检查,检查辅助油泵是否自动启动,且联锁阀门不应动作,油过滤器要定期切换清洗。

3. 四段出口压力偏低,CO_2 打气量偏少

(1)原因

①压缩机转速偏低;

②防喘振阀未关死;

③压力控制阀 PIC8241 未投自动或未关死。

(2)处理措施

①将转速调到 6 935 r/min;

②关闭防喘振阀;

③关闭四回一阀 HIC8162;

④关闭压力控制阀 PIC8241；

⑤控制四段出口压力和 CO_2 气量的稳定。

（3）预防措施

压缩机四段出口压力和下一工段的系统压力有很大的关系，下一工段系统压力波动会造成四段出口压力波动，也会影响到压缩机的打气量，所以在生产过程中下一系统合成系统压力应该控制稳定，同时应该经常检查压缩机的吸气流量、转速、排放阀、防喘振阀和段间放空阀的开度，正常工况下这三个阀应该尽量保持关闭状态，以保持压缩机的最高工作效率。

4. 压缩机因喘振发生联锁跳车

原因：操作不当，压缩机发生喘振，处理不及时。

处理措施：

（1）盘车

①关闭 CO_2 去尿素合成总阀 OMP1003。

②在辅助控制盘上按一下 RESET 按钮。

③开启盘车泵的前切断阀 OMP1031 和后切断阀 OMP1032。

④按冷态开车步骤中暖管暖机冲转开始重新开车。

⑤在辅助控制盘上按盘车按钮盘车至转速大于 150 r/min。

（2）停止盘车

①在辅助控制盘上按盘车按钮停止盘车。

②从辅助控制盘停盘车泵。

③关闭盘车泵的后切断阀 OMP1032。

④闭盘车泵的后切断阀 OMP1032。

（3）暖管暖机

①手动打开 PIC824。

②从辅助控制盘上按一下 RESET 按钮，准备冲转压缩机。

③打开透平速关阀 HS8001。

④逐渐打开阀 HIC8205，将转速 SI8335 提高到 1 000 r/min，进行低速暖机。

⑤暖机结束，将机组转速缓慢提到 2 000 r/min，检查机组运行情况。

⑥检查压缩机有无异常响声，检查振动、轴位移等。

（4）过临界转速

①继续开大 HIC8205，将机组转速缓慢提到 3 000 r/min。

②控制转速 3 000 r/min，停留 10 min。

③继续开大 HIC8205，用 20 ~ 30 s 的时间将机组转速缓慢提到 4 000 r/min，通过临界转速。

④缓慢将段间放空阀 HIC8101 关小到 72%。

（5）升速升压

①继续开大 HIC8205，将机组转速缓慢提到 5 500 r/min。

②缓慢将段间放空阀 HIC8101 关小到 50%。

③继续开大 HIC8205，将机组转速缓慢提到 6 050 r/min。

④缓慢将段间放空阀 HIC8101 关小到 25% 和四回一阀 HIC8162 关小到 75%。

⑤继续开大 HIC8205,将机组转速缓慢提到 6 400 r/min。

⑥缓慢将段间放空阀 HIC8101 关闭和四回一阀 HIC8162 关闭。

⑦继续开大 HIC8205,将机组转速缓慢提到 6 935 r/min。

⑧调整 HIC8205,将转速 SI8335 稳定在 6 935 r/min。

(6)投料

①投料逐渐关小 PIC8241,缓慢将压缩机四段出口压力提升到 14.4 MPa,平衡合成系统压力。

②打开 CO_2 出口阀 OMP1003。

③继续手动关小 PIC8241,缓慢将压缩机四段出口压力提升到 15.4 MPa,将 CO_2 引入合成系统。

④当 PIC8241 控制稳定在 15.4 MPa 左右后,将其设定在 15.4 投自动。

⑤控制四段出口压力和 CO_2 气流量稳定。

预防措施:

按振动过大中喘振预防措施预防喘振发生,一旦发生喘振要及时按其处理措施进行处理,及时打开防喘振阀。

5. 压缩机三段冷却器出口温度过低

(1)原因

冷却水控制阀 TIC8111 未投自动,阀门开度过大。

(2)处理措施

①关小冷却水控制阀 TIC8111,将温度控制在 52 ℃左右。

②控制稳定后将 TIC8111 设定在 52 ℃投自动。

(3)预防措施

CO_2 在高压下温度过低会析出固体干冰,干冰会损坏压缩机叶轮,而影响到压缩机的正常运行,因而在压缩机运行过程中应该经常检查该点温度,将其控制在正常工艺指标范围之内。

项目五　抽真空系统操作实训

一、工艺流程简介

1. 工艺流程

该工艺主要完成三个塔体系统真空抽取。液环真空泵 P416 系统负责 A 塔系统真空抽取,正常工作压力为 26.6 kPaA,并作为 J-451、J-441 喷射泵的二级泵。J-451 是一个串联的二级喷射系统,负责 C 塔系统真空抽取,正常工作压力为 1.33 kPaA。J-441 为单级喷射泵系统,抽取 B 塔系统真空,正常工作压力为 2.33 kPaA。被抽气体主要成分为可冷凝气相物质和水。由 D417 气水分离后的液相提供给 P416 灌泵,提供所需液环液相补给;气相进入换热器 E-417,冷凝出的液体回流至 D417,E417 出口气相进入焚烧单元。生产过程中,主要通过调节各泵进口回流量或泵前被抽工艺气体流量来调节压力。

J441 和 J451A/B 两套喷射真空泵分别负责抽取塔 B 区和 C 区,中压蒸汽喷射形成负压,抽取工艺气体。蒸汽和工艺气体混合后,进入 E418、E419、E420 等冷凝器。在冷凝器内大量蒸汽和带水工艺气体被冷凝后,流入 D425 封液罐。未被冷凝的气体一部分作为液环真空泵 P416 的入口回流,一部分作为自身入口回流,以便控制调节压力。

D425 的主要作用是为喷射真空泵系统提供封液。防止喷射泵喷射压过大而无法抽取真空。开车前应该为 D425 灌液,当液位超过大气腿最下端时,方可启动喷射泵系统。

该系统的工艺流程图见图 1 - 12。

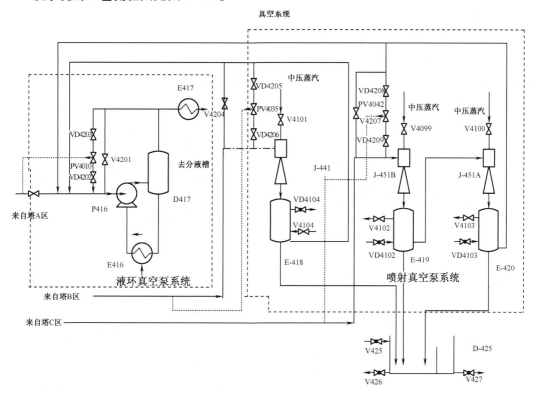

图 1 - 12　抽真空系统工艺流程图

2. 控制说明

(1)压力回路调节:PIC4010 检测压力缓冲罐 D416 内压力,调节 P416 进口前回路控制阀 PV4010 开度,调节 P416 进口流量。PIC4035 和 PIC4042 调节压力机理同 PIC4010。

(2)D417 内液位控制:采用浮阀控制系统。当液位低于 50% 时,浮球控制的阀门 VD4105 自动打开。在阀门 V4105 打开的条件下,自动为 D417 内加水,满足 P416 灌液所需水位。当液位高于 68.78% 时,液体溢流至工艺废水区,确保 D417 内始终有一定液位。

二、主要设备、仪器

1. 主要容器

该系统主要涉及的容器见表 1 - 11。

表 1 - 11　主要容器

序号	位号	名称	备注
1	D416	压力缓冲罐	1.5 m³
2	D441	压力缓冲罐	1.5 m³
3	D451	压力缓冲罐	1.5 m³
4	D417	气液分离罐	

2. 换热器

该系统涉及的换热器见表 1 - 12。

表 1 - 12　换热器列表

序号	位号	名称	备注
1	E416	换热器	
2	E417	换热器	
3	E418	换热器	
4	E419	换热器	
5	E420	换热器	

3. 泵列表

该系统涉及的泵见表 1 - 13。

表 1 - 13　该系统涉及的泵列表

序号	位号	名称	备注
1	P416	液环真空泵	塔 A 区真空泵
2	J441	蒸汽喷射泵	塔 B 区真空泵
3	J451A	蒸汽喷射泵	塔 C 区真空泵
4	J451B	蒸汽喷射泵	塔 C 区真空泵

任务一　冷态开车

1. 液环真空和喷射真空泵灌水

(1)开阀 V4105 为 D417 灌水。

(2)待 D417 有一定液位后,开阀 V4109。

(3)开启灌水水温冷却器 E416,开阀 VD417。

(4)开阀 V417,开度 50。

(5)开阀 VD4163A,为液环泵 P416A 灌水。

(6)在 D425 中,开阀 V425 为 D425 灌水,液位达到 10% 以上。

2.开液环泵

（1）开进料阀 V416。

（2）开泵前阀 VD4161A。

（3）开泵 P416A。

（4）开泵后阀 VD4162A。

（5）开 E417 冷凝系统：开阀 VD418。

（6）开阀 V418，开度 50。

（7）开回流四组阀：开阀 VD4202。

（8）打开 VD4203。

（9）PIC4010 投自动，设置 SP 值为 26.6 kPa。

3.开喷射泵

（1）开进料阀 V441，开度 100。

（2）开进口阀 V451，开度 100。

（3）在 J441/J451 现场中，开喷射泵冷凝系统，开 VD4104。

（4）开阀 V4104，开度 50。

（5）开阀 VD4102。

（6）开阀 V4102，开度 50。

（7）开阀 VD4103。

（8）开阀 V4103，开度 50。

（9）开回流四组阀：开阀 VD4208。

（10）开阀 VD4209。

（11）投 PIC4042 为自动，输入 SP 值为 1.33。

（12）开阀 VD4205。

（13）开阀 VD4206。

（14）投 PIC4035 为自动，输入 SP 值为 3.33。

（15）开启中压蒸汽，开始抽真空，开阀 V4101，开度 50。

（16）开阀 V4099，开度 50。

（17）开阀 V4100，开度 50。

4.检查 D425 左右室液位

开阀 V427，防止右室液位过高。

任务二　正常操作

密切关注工艺参数的变化，维持生产过程运行稳定。正常工况下的工艺参数指标见表 1-14。

表 1-14　工艺参数

工艺参数	数值
PI4010	26.6 kPa(由于控制调节速率,允许有一定波动)
PI4035	3.33 kPa(由于控制调节速率,允许有一定波动)
PI4042	1.33 kPa(由于控制调节速率,允许有一定波动)
TI4161	8.17℃
LI4161	68.78%(≥50%)
LI4162	80.84%
LI4163	≤50%

任务三　检修停车

1. 停喷射泵系统

(1)在 D425 中开阀 V425,为封液罐灌水。

(2)关闭进料口阀门,关闭阀 V441。

(3)关闭阀 V451。

(4)关闭中压蒸汽,关闭阀 V4101。

(5)关闭阀门 V4099。

(6)关闭阀门 V4100。

(7)投 PIC4035 为手动,输入 OP 值为 0。

(8)投 PIC4042 为手动,输入 OP 值为 0。

(9)关阀 VD4205、VD4206、VD4208、VD4209。

2. 停液环真空系统

(1)关闭进料阀门 V416。

(2)关闭 D417 进水阀 V4105。

(3)停泵 P416A。

(4)关闭灌水阀 VD4163A。

(5)关闭冷却系统冷媒,关阀 VD417。

(6)关阀 V417、VD418、V418。

(7)关闭回流控制阀组:投 PIC4010 为手动,输入 OP 值为 0。

(8)关闭阀门 VD4202、VD4203。

3. 排液

(1)开阀 V4107,排放 D417 内液体。

(2)开阀 VD4164A,排放液环泵 P416A 内液体。

任务四　事 故 处 理

1. 喷射泵大气腿未正常工作

现象:PI4035 及 PI4042 压力逐渐上升。

原因:由于误操作将 D425 左室排液阀门 V426 打开,导致左室液位太低。大气进入喷射真空系统,导致喷射泵出口压力变大。真空泵抽气能力下降。

处理方法:关闭阀门 V426,升高 D425 左室液位,重新恢复大气腿高度。

2. 液环泵灌水阀未开

现象:PI4010 压力逐渐上升。

原因:由于误操作将 P416A 灌水阀 VD4163A 关闭,导致液环真空泵进液不够,不能形成液环,无法抽气。

处理方法:开启阀门 VD4163,对 P416 进行灌液。

3. 液环抽气能力下降(温度对液环真空影响)

现象:PI4010 压力上升,达到新的压力稳定点。

原因:由于液环介质温度高于正常工况温度,导致液环抽气能力下降。

处理方法:检查换热器 E416 出口温度是否高于正常工作温度 8.17 ℃。如果是,加大循环水阀门开度,调节出口温度至正常。

4. J441 蒸汽阀漏

现象:PI4035 压力逐渐上升。

原因:由于进口蒸汽阀 V4101 有漏气,导致 J441 抽气能力下降。

处理方法:①关闭进料阀 V441;②在 D425 中,打开进水阀 V425;③关闭蒸汽阀 V4101,检修阀门。

5. PV4010 阀卡

现象:PI4010 压力逐渐下降,调节 PV4010 无效。

原因:由于 PV4010 卡住开度偏小,回流调节量太低。

处理方法:减小阀门 V416 开度,降低被抽气量,控制塔 A 区压力。

6. D451 压力过高 -1

处理方法:检查 D451 出口管路上阀门开度是否正常,真空泵蒸汽供应是否正常,调整压力至正常。

7. D451 压力过高 -2

处理方法:检查 D451 出口管路上阀门和真空泵蒸汽进口阀门是否开度正常,调节压力至正常。

8. D441 压力过高 -1

处理方法:查看 D441 出口和喷射泵蒸汽入口阀门开度是否正常,调整压力至正常。

9. D441 压力过高 -2

处理方法:检查 D441 出口压力和喷射泵入口蒸汽阀门是否正常,调整压力至正常。

10. D416 压力过高

处理方法:检查 D416 出口管路阀门开度是否正常,调整压力至正常。

项目六　灌区单元操作实训

一、工艺流程说明

来自上一生产设备的约 35 ℃的带压液体,经过阀门 MV101 进入产品罐 T01,由温度传感器 TI101 显示 T01 罐底温度,压力传感器 PI101 显示 T01 罐内压力,液位传感器 LI101 显示 T01 的液位。由离心泵 P101 将产品罐 T01 的产品打出,控制阀 FIC101 控制回流量。回流的物料通过换热器 E01,被冷却水逐渐冷却到 33 ℃左右。温度传感器 TI102 显示被冷却后产品的温度,温度传感器 TI103 显示经冷却水冷却后的温度。由泵打出的少部分产品由阀门 MV102 打回生产系统。当产品罐 T01 液位达到 80% 后,阀门 MV101 和阀门 MV102 自动关断。

产品罐 T01 打出的产品经过 T01 的出口阀 MV103 和 T03 的进口阀进入产品罐 T03,由温度传感器 TI103 显示 T03 罐底温度,压力传感器 PI103 显示 T03 罐内压力,液位传感器 LI103 显示 T03 的液位。由离心泵 P103 将产品罐 T03 的产品打出,控制阀 FIC103 控制回流量。回流的物料通过换热器 E03,被冷却水逐渐冷却到 30 ℃左右。温度传感器 TI302 显示被冷却后产品的温度,温度传感器 TI303 显示经冷却水冷却后的温度。少部分回流物料不经换热器 E03 直接打回产品罐 T03;从包装设备来的产品经过阀门 MV302 打回产品罐 T03,控制阀 FIC302 控制这两股物料混合后的流量。产品经过 T03 的出口阀 MV303 到包装设备进行包装。

当产品罐 T01 的设备发生故障时,马上启用备用产品罐 T02 及其备用设备,其工艺流程同 T01。当产品罐 T03 的设备发生故障,马上启用备用产品罐 T04 及其备用设备,其工艺流程同 T03。

本工艺为单独培训罐区操作而设计,其工艺流程(参考流程仿真界面)见图 1 – 13。

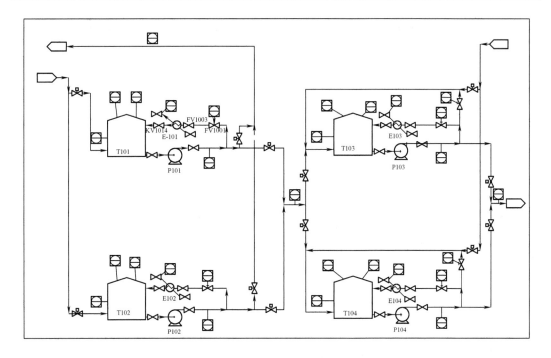

图 1 – 13　灌区工艺流程图

罐区单元流程仿真界面 DCS 图见图 1 – 14,现场图一见图 1 – 15(T01),现场图二见图 1 – 16(T02),现场图三见图 1 – 17(T03),现场图四见图 1 – 18(T04),连锁图见图 1 – 19。

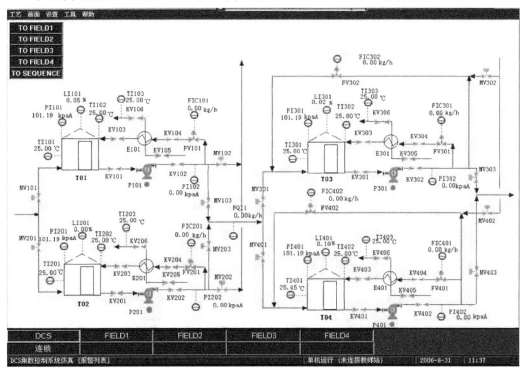

图 1 – 14　罐区单元流程仿真界面 DCS 图

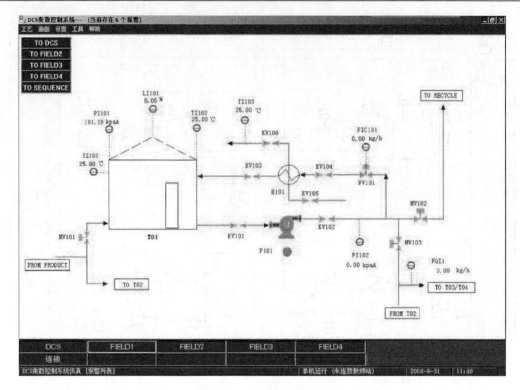

图 1-15 现场图一(T01)

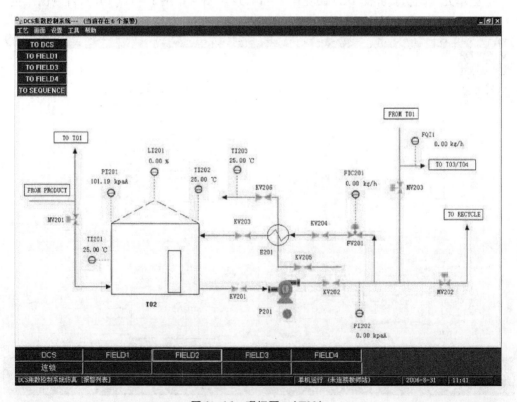

图 1-16 现场图二(T02)

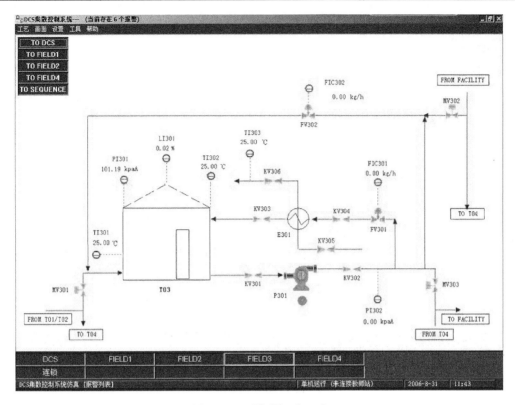

图 1 – 17　现场图三(T03)

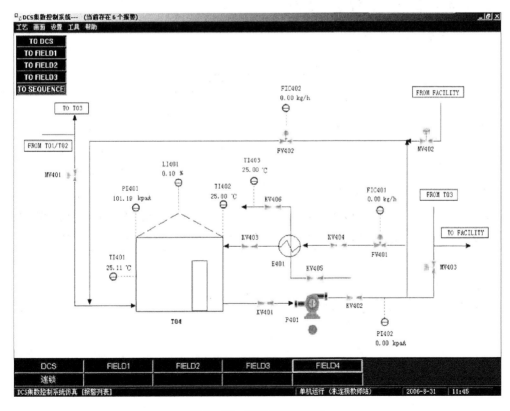

图 1 – 18　现场图四(T04)

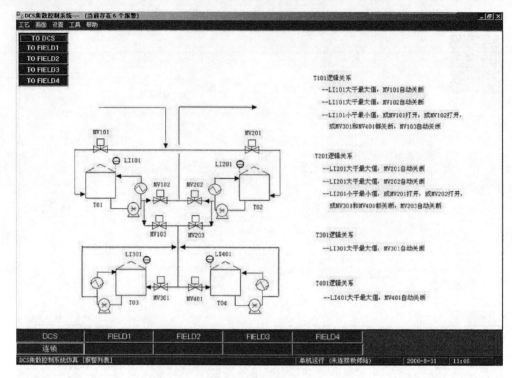

图1-19 连锁图

二、主要设备、仪表、报警一览表

1. 主要设备(表1-15)

表1-15 主要设备

设备位号	设备名称	设备位号	设备名称
T01	产品罐	T03	产品罐
P01	产品罐 T01 的出口压力泵	P03	产品罐 T03 的出口压力泵
E01	产品罐 T01 的换热器	E03	产品罐 T03 的换热器
T02	备用产品罐	T04	备用产品罐
P02	备用产品罐 T02 的出口泵	P04	备用产品罐 T04 的出口压力泵
E02	备用产品罐 T02 的换热器	E04	备用产品罐 T04 的换热器

2. 仪表及报警

仪表及报警一览表见表1-16。

表 1-16 仪表及报警一览表

位号	说明	类型	正常值	量程上限	量程下限	工程单位	高报	低报
TI101	日罐 T01 罐内温度	AI	33.0	60.0	0.0	℃	34	32
TI201	日罐 T02 罐内温度	AI	33.0	60.0	0.0	℃	34	32
TI301	产品罐 T03 罐内温度	AI	30.0	60.0	0.0	℃	31	29
TI401	产品罐 T04 罐内温度	AI	30.0	60.0	0.0	℃	31	29

任务一 冷态开车

1. 准备工作

(1)检查日罐 T01(T02)的容积。容积必须超过××吨,不包括储罐余料。

(2)检查产品罐 T03(T04)的容积。容积必须超过××吨,不包括储罐余料。

2. 向日罐 T01 进料

缓慢打开日罐 T01(T02)的进料阀 MV101(MV201),直到开度大于50。

3. 建立 T01 的回流

(1)T01 液位大于5%时,打开日罐泵 P101 的进口阀 KV101(KV201)。

(2)打开日罐泵 P01(P02)的电源开关,启动泵 P101。

(3)打开日罐泵 P01(P02)的出口阀 KV102(KV202)。

(4)打开日罐换热器 E01 热物流进口阀 KV104(KV204)。

(5)打开日罐换热器 E01 热物流出口阀 KV103(KV203)。

(6)缓慢打开日罐 T01 回流控制阀 FIC101(FIC201),直到开度大于50。

(7)缓慢打开日罐 T01 出口阀 MV102(MV202),直到开度大于50。

4. 对 T01 产品进行冷却

(1)当 T01 液位大于10%,打开换热器 E01(E02)的冷物流进口阀 KV105(KV205)。

(2)打开换热器 E01(E02)的冷物流出口阀 KV106(KV206)。

(3)T01 罐内温度保持在32~34 ℃。

5. 向产品罐 T03 进料

(1)缓慢打开产品罐 T03(T04)的进料阀 MV301(MV401),直到开度大于50。

(2)缓慢打开日罐 T01(T02)的倒罐阀 MV103(MV203),直到开度大于50。

(3)缓慢打开产品罐 T03(T04)的包装设备进料阀 MV302(MV402),直到开度大于50。

(4)缓慢打开产品罐 T03 回流阀 FIC302(FIC402),直到开度大于50。

6. 建立 T03 回流

(1)当 T03 的液位大于3%时,打开产品罐泵 P03(P04)的进口阀 KV301(KV401)。

(2)打开产品罐泵 P03(P04)的电源开关,启动泵 P301。

(3)打开产品罐泵 P03(P04)的出口阀 KV302(KV402)。

(4)打开产品罐换热器 E03 热物流进口阀 KV304(KV404)。

(5)打开产品罐换热器 E03 热物流出口阀 KV303(KV403)。

(6)缓慢打开产品罐 T03 回流控制阀 FIC301(FIC401),直到开度大于50,建立回流。

7. 对 T03 产品进行冷却

(1)当 T03 液位大于 5% 时,打开换热器 E03(E04)的冷物流进口阀 KV305(KV405)。

(2)打开换热器 E03(E04)的冷物流出口阀 KV306(KV406)。

(3)T03 罐内温度保持在 29 ~ 31 ℃。

8. 产品罐 T03 出料

当 T03 液位高于 80% 时,缓慢打开产品罐出料阀 MV303(MV403),直到开度大于 50,将产品打入包装车间进行包装。

任务二　事　故　处　理

1. P01 泵坏

主要现象:

(1)P01 泵出口压力为零。

(2)FIC101 流量急骤减小到零。

处理方法:

(1)停用日罐 T01:①关闭 T01 进口阀 MV101;②关闭 T01 出口阀 MV102;③关闭 T01 回流控制阀 FIC101;④关闭泵 P01 出口阀 KV102;⑤关闭泵 P01 电源;⑥关闭泵 P01 入口阀 KV101;⑦关闭换热器 E01 热物流进口阀 KV104;⑧关闭换热器 E01 热物流出口阀 KV103;⑨关闭换热器 E01 冷物流进口阀 KV105;⑩关闭换热器 E01 冷物流出口阀 KV106。

(2)启用备用日罐 T02:缓慢打开 T02 的进料阀 MV201,直到开度大于 50。

(3)建立 T02 的回流:①T02 液位大于 5% 时,打开泵 P02 进口阀 KV201;②打开泵 P201 开关,启动泵 P201;③打开泵 P201 出口阀 KV202;④打开换热器 E02 热物流进口阀 KV204;⑤打开换热器 E02 热物流出口阀 KV203;⑥缓慢打开 T02 回流控制阀 FIC201,直到开度大于 50;⑦缓慢打开 T02 出口阀 MV202,直到开度大于 50。

(4)对 T01 产品进行冷却:①当 T02 液位大于 10%,打开换热器 E02 冷物流出口阀 KV205;②打开换热器 E01 冷物流进口阀 KV206;③T02 罐内温度保持在 32 ~ 34 ℃。

(5)向产品罐 T03 进料:①缓慢打开产品罐 T03 进口阀 MV301,直到开度大于 50;②缓慢打开日储罐倒罐阀 MV203,直到开度大于 50;③缓慢打开 T03 的设备进料阀 MV302,直到开度大于 50;④缓慢打开 T03 回流阀 FIC302,直到开度大于 50。

(6)建立 T03 的回流:①当 T03 的液位大于 3% 时,打开泵 P03 的进口阀 KV301;②打开泵 P03 的开关,启动泵 P301;③打开泵 P03 的出口阀 KV302;④打开换热器 E03 热物流进口阀 KV304;⑤打开换热器 E03 热物流出口阀 KV303;⑥缓慢打开 T03 回流控制阀 FIC301,直到开度大于 50。

(7)对 T03 产品进行冷却:①当 T03 液位大于 5% 时,打开换热器 E03 冷物流出口阀 KV305;②打开换热器 E03 冷物流进口阀 KV306;③T03 罐内温度保持在 29 ~ 31 ℃。

(8)产品罐 T03 出料:当 T03 液位高于 80% 时,缓慢打开出料阀 MV303,直到开度大于 50。

2. 换热器 E01 结垢

主要现象:

(1)冷物流出口温度低于 17.5 ℃。

（2）热物流出口温度降低极慢。

处理方法：

（1）停用日罐 T01：①关闭 T01 进口阀 MV101；②关闭 T01 出口阀 MV102；③关闭 T01 回流控制阀 FIC101；④关闭泵 P01 出口阀 KV102；⑤关闭泵 P01 电源；⑥关闭泵 P01 入口阀 KV101；⑦关闭换热器 E01 热物流进口阀 KV104；⑧关闭换热器 E01 热物流出口阀 KV103；⑨关闭换热器 E01 冷物流进口阀 KV105；⑩关闭换热器 E01 冷物流出口阀 KV106。

（2）启用备用日罐 T02：缓慢打开 T02 的进料阀 MV201，直到开度大于 50。

（3）建立 T02 的回流：①T02 液位大于 5% 时，打开泵 P02 进口阀 KV201；②打开泵 P201 开关，启动泵 P201；③打开泵 P201 出口阀 KV202；④打开换热器 E02 热物流进口阀 KV204；⑤打开换热器 E02 热物流出口阀 KV203；⑥缓慢打开 T02 回流控制阀 FIC201，直到开度大于 50；⑦缓慢打开 T02 出口阀 MV202，直到开度大于 50。

（4）对 T01 产品进行冷却：①当 T02 液位大于 10%，打开换热器 E02 冷物流出口阀 KV205；②打开换热器 E01 冷物流进口阀 KV206；③T02 罐内温度保持在 32 ~ 34 ℃。

（5）向产品罐 T03 进料：①缓慢打开产品罐 T03 进口阀 MV301，直到开度大于 50；②缓慢打开日储罐倒罐阀 MV203，直到开度大于 50；③缓慢打开 T03 的设备进料阀 MV302，直到开度大于 50；④缓慢打开 T03 回流阀 FIC302，直到开度大于 50。

（6）建立 T03 的回流：①当 T03 的液位大于 3% 时，打开泵 P03 的进口阀 KV301；②打开泵 P03 的开关，启动泵 P301；③打开泵 P03 的出口阀 KV302；④打开换热器 E03 热物流进口阀 KV304；⑤打开换热器 E03 热物流出口阀 KV303；⑥缓慢打开 T03 回流控制阀 FIC301，直到开度大于 50。

（7）对 T03 产品进行冷却：①当 T03 液位大于 5% 时，打开换热器 E03 冷物流出口阀 KV305；②打开换热器 E03 冷物流进口阀 KV306；③T03 罐内温度保持在 29 ~ 31 ℃。

（8）产品罐 T03 出料：当 T03 液位高于 80% 时，缓慢打开出料阀 MV303，直到开度大于 50。

3. 换热器 E03 热物流串进冷物流

主要现象：

(1) 冷物流出口温度明显高于正常值。

(2) 热物流出口温度降低极慢。

处理方法：

（1）停用产品罐 T03：①关闭换热器 E03 冷物流进口阀 KV305；②关闭换热器 E03 冷物流出口阀 KV306；③关闭 T03 进口阀 MV301；④关闭 T03 设备进料阀 MV302；⑤关闭 T03 回流阀 FIC302；⑥关闭 T03 回流控制阀 FIC301；⑦关闭泵 P03 出口阀 KV302；⑧关闭泵 P03 电源；⑨关闭泵 P03 入口阀 KV301；⑩关闭换热器 E03 热物流进口阀 KV304，关闭换热器 E03 热物流出口阀 KV303。

（2）向产品日罐 T01 进料：①缓慢打开 T01 的进料阀 MV101，直到开度大于 50；②缓慢打开产品罐 T01 的出口阀 MV102，直到开度大于 50。

（3）向产品罐 T04 进料：①缓慢打开产品罐 T04 进口阀 MV401，直到开度大于 50；②缓慢打开日储罐倒罐阀 MV103，直到开度大于 50；③缓慢打开 T04 的设备进料阀 MV402，直到开度大于 50；④缓慢打开 T04 回流阀 FIC402，直到开度大于 50。

（4）建立 T04 的回流：①当 T04 的液位大于 3% 时，打开泵 P04 的进口阀 KV401；②打开泵 P04 的开关,启动泵 P04;③打开泵 P04 的出口阀 KV402;④打开换热器 E04 热物流进口阀 KV404;⑤打开换热器 E04 热物流出口阀 KV403;⑥缓慢打开 T04 回流控制阀 FIC401,直到开度大于 50。

(5)对 T04 产品进行冷却:①当 T04 液位大于 5% 时,打开换热器 E04 冷物流出口阀 KV405;②打开换热器 E04 冷物流进口阀 KV406;③T04 罐内温度保持在 29 ~ 31 ℃。

(6)产品罐 T04 出料:当 T04 液位高于 80% 时,缓慢打开出料阀 MV403,直到开度大于 50。

项目七　换热器单元仿真

一、工艺流程说明

换热器是进行热交换操作的通用工艺设备,广泛应用于化工、石油、动力、冶金等工业部门,特别是在石油炼制和化学加工装置中,占有重要地位。换热器的操作技术培训在整个操作培训中尤为重要。

本单元设计采用管壳式换热器。来自界外的 92 ℃ 冷物流(沸点:198.25 ℃)由泵 P101A/B 送至换热器 E101 的壳程被流经管程的热物流加热至 145 ℃,并有 20% 被汽化。冷物流流量由流量控制器 FIC101 控制,正常流量为 12 000 kg/h。来自另一设备的 225 ℃ 热物流经泵 P102A/B 送至换热器 E101 与注经壳程的冷物流进行热交换,热物流出口温度由 TIC101 控制(177 ℃)。

为保证热物流的流量稳定,TIC101 采用分程控制,TV101A 和 TV101B 分别调节流经 E101 和副线的流量,TIC101 输出 0% ~ 100% 分别对应 TV101A 开度 0% ~ 100%,TV101B 开度 100% ~ 0%。

工艺流程图见图 1 - 20,列管换热器的 DCS 图见图 1 - 21,列管换热器的现场图见图 1 - 22。

二、主要设备、仪表

1. 主要设备

主要设备见表 1 - 17。

表 1 - 17　主要设备

设备位号	P101A/B	P102A/B	E101
设备名称	冷物流进料泵	热物流进料泵	列管式换热器

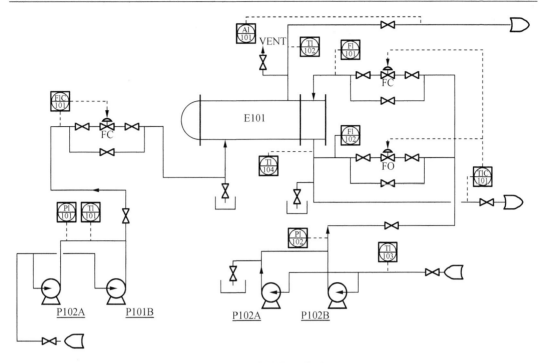

图 1-20 换热器工艺流程图

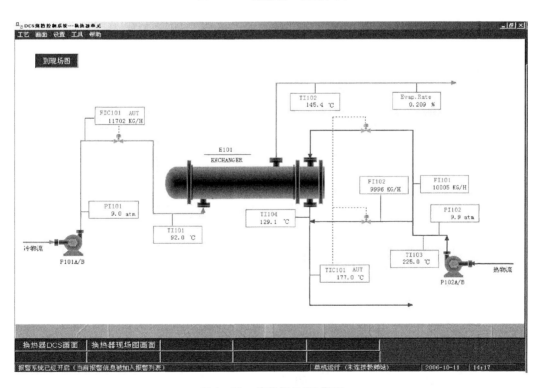

图 1-21 换热器 DCS 界面

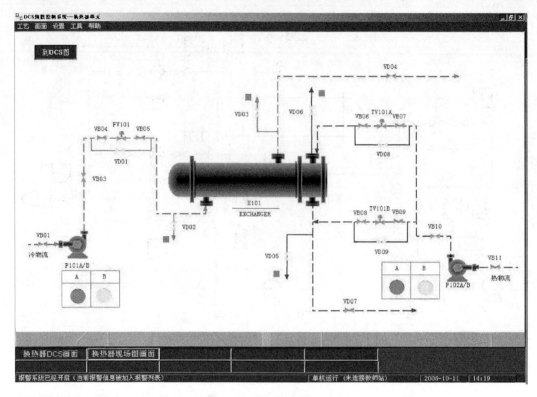

图 1-22　换热器现场界面

2. 仪表及报警一览表

仪表及报警一览表见表 1-18。

表 1-18　仪表报警一览表

位号	说明	类型	正常值	量程上限	量程下限	工程单位	高报值	低报值	高高报值	低低报值
FIC101	冷流入口流量控制	PID	12 000	20 000	0	kg/h	17 000	3 000	19 000	1 000
TIC101	热流入口温度控制	PID	177	300	0	℃	255	45	285	15
PI101	冷流入口压力显示	AI	9.0	27 000	0	atm	10	3	15	1
TI101	冷流入口温度显示	AI	92	200	0	℃	170	30	190	10
PI102	热流入口压力显示	AI	10.0	50	0	atm	12	3	15	1
TI102	冷流出口温度显示	AI	145.0	300	0	℃	17	3	19	1
TI103	热流入口温度显示	AI	225	400	0	℃				
TI104	热流出口温度显示	AI	129	300	0	℃				
FI101	流经换热器流量	AI	10 000	20 000	0	kg/h				
FI102	未流经换热器流量	AI	10 000	20 000	0	kg/h				

任务一 冷态开车

1.启动冷物流进料泵 P101A

（1）开换热器壳程排气阀 VD03（开度约为 50%）。

（2）打开 P101A 泵的前阀 VB01。

（3）启动泵 P101A。

（4）待泵出口压力达到 4.5 atm 以上后，打开 P101A 泵的出口阀 VB03。

2.冷物流 E101 进料

（1）打开 FIC101 的前后阀 VB04，VB05。

（2）打开 FIC101。

（3）观察壳程排气阀 VD03 的出口，当有液体溢出时（VD03 旁边标志变绿），标志着壳程已无不凝性气体，关闭壳程排气阀 VD03，壳程排气完毕。

（4）打开冷物流出口阀（VD04），将其开度置为 50%，手动调节 FV101，使 FIC101 其达到 12 000 kg/h，FIC101 投自动，且较稳定时 FIC101 设定为 12 000 kg/h。

（5）冷流入口流量控制 FIC101。

（6）冷流出口温度 TI102。

3.启动热物流入口泵 P102A

（1）开管程放空阀 VD06（50%）。

（2）开 P102A 泵的前阀 VB11。

（3）启动 P102A 泵。

（4）当热物流进料压力表 PI102 指示大于 10 atm 时，全开 P102 泵的出口阀 VB10。

4.热物流进料

（1）全开 TV101A 的前后阀 VB06，VB07，TV101B 的前后阀 VB08，VB09。

（2）打开调节阀 TV101A（默认即开）给 E101 管程注液，观察 E101 管程排汽阀 VD06 的出口，当有液体溢出时（VD06 旁边标志变绿），标志着管程已无不凝性气体，此时关管程排气阀 VD06，E101 管程排气完毕。

（3）打开 E101 热物流出口阀（VD07），将其开度置为 50%，手动调节管程温度控制阀 TIC101，使其出口温度在 177±2 ℃，且较稳定，TIC101 设定在 177 ℃，投自动。

任务二 正常运行

1.正常工况操作参数

（1）冷物流流量为 12 000 kg/h，出口温度为 145 ℃，汽化率 20%。

（2）热物流流量为 10 000 kg/h，出口温度为 177 ℃。

2.备用泵的切换

（1）P101A 与 P101B 之间可任意切换。

（2）P102A 与 P102B 之间可任意切换。

任务三　正　常　停　车

1. 停热物流进料泵 P102A

(1)关闭 P102 泵的出口阀 VB01。

(2)停 P102A 泵。

(3)待 PI102 指示小于 0.1 atm 时,关闭 P102 泵入口阀 VB11。

2. 停热物流进料

(1)TIC101 置手动。

(2)关闭 TV101A 的前、后阀 VB06、VB07。

(3)关闭 TV101B 的前、后阀 VB08、VB09。

(4)关闭 E101 热物流出口阀 VD07。

3. 停冷物流进料泵 P101A

(1)关闭 P101 泵的出口阀 VB03。

(2)停 P101A 泵。

(3)待 PI101 指示小于 0.1 atm 时,关闭 P101 泵入口阀 VB01。

4. 停冷物流进料

(1)FIC101 置手动。

(2)关闭 FIC101 的前、后阀 VB04、VB05,关闭 FV101。

(3)关闭 E101 冷物流出口阀 VD04。

5. E101 管程泄液

打开管程泄液阀 VD05,观察管程泄液阀 VD05 的出口,当不再有液体泄出时,关闭泄液阀 VD05。

6. E101 壳程泄液

打开壳程泄液阀 VD02,观察壳程泄液阀 VD02 的出口,当不再有液体泄出时,关闭泄液阀 VD02。

任务四　事　故　处　理

1. FIC101 阀卡

(1)主要现象。

①FIC101 流量减小;

②P101 泵出口压力升高;

③冷物流出口温度升高。

(2)事故处理。

①逐渐打开 FIC101 的旁路阀 VD01;

②调节 FIC101 的旁路阀 VD01 的开度,使 FIC101 指示值稳定为 12 000 kg/h;

③FIC101 置手动;

④手动关闭 FIC101;

⑤关闭 FIC101 前阀 VB04,关闭 FIC101 后阀 VB05;

⑥冷流入口流量控制,热物流温度控制。

2. P101A 泵坏

(1)主要现象。

①P101 泵出口压力急骤下降;

②FIC101 流量急骤减小;

③冷物流出口温度升高,汽化率增大。

(2)事故处理。

①FIC101 切换到手动;

②手动关闭 FV101;

③关闭 P101A 泵;

④开启 P101B 泵;

⑤手动调节 FV101,使得流量控制在 12 000 kg/h;

⑥当冷物流稳定 12 000 kg/h 后,FIC101 切换到自动;

⑦FIC101 设定值 12 000 kg/h;

⑧冷物流控制质量,热物流温度控制质量。

3. P102A 泵坏

(1)主要现象。

①P102 泵出口压力急骤下降;

②冷物流出口温度下降,汽化率降低。

(2)事故处理。

①TIC101 切换到手动;

②手动关闭 TV101A;

③关闭 P102A 泵;

④开启 P102B 泵;

⑤手动调节 TV101A,使得热物流出口温度控制在 177 ℃;

⑥热物流出口温度控制在 177℃后,TIC101 切换到自动;

⑦TIC101 设定值 177 ℃;

⑧热物流温度控制质量。

4. TV101A 阀卡

(1)主要现象。

①热物流经换热器换热后的温度降低;

②冷物流出口温度降低。

(2)事故处理。

①判断 TV101A 卡住后,打开 TV101A 的旁路阀(VD08);

②关闭 TV101A 前阀 VB06;

③关闭 TV101A 后阀 VB07;

④调节 TV101A 的旁路阀(VD08),使热物流流量稳定到正常值;

⑤冷物流出口温度稳定到正常值,热物流温度稳定在正常值。

5. 部分管堵

主要现象:

（1）热物流流量减小。

（2）冷物流出口温度降低，汽化率降低。

（3）热物流 P102 泵出口压力略升高。

事故处理：

（1）停热物流进料泵 P102：①关闭 P102 泵的出口阀（VB10）；②停 P102A 泵；③关闭 P102 泵入口阀（VB11）。

（2）停热物流进料：①TIC101 改为手动；②关闭 TV101A；③关闭 TV101A 的前阀（VB06）；④关闭 TV101A 后阀（VB07）；⑤关闭 TV101B 的前阀（VB08）；⑥关闭 TV101B 的后阀（VB09）；⑦关闭 E101 热物流出口阀（VD07）。

（3）停冷物流进料泵 P101：①关闭 P101 泵的出口阀（VB03）；②停 P101A 泵；③关闭 P101 泵入口阀（VB01）。

（4）停冷物流进料：①FIC101 改手动；②关闭 FIC101 的前阀（VB04）；③关闭 FIC101 的后阀（VB05）；④关闭 FV101；⑤关闭 E101 冷物流出口阀（VD04）。

（5）E101 管程泄漏：①打开泄液阀 VD05；②待管程液体排尽后，关闭泄液阀 VD05。

（6）E101 壳程泄漏：①打开泄液阀 VD02；②待壳程液体排尽后，关闭泄液阀 VD02。

6. 换热器结垢严重

主要现象：热物流出口温度高。

事故处理：

（1）停热物流进料泵 P102：①关闭 P102 泵的出口阀（VB10）；②停 P102A 泵；③关闭 P102 泵入口阀（VB11）。

（2）停热物流进料：①TIC101 改为手动；②关闭 TV101A；③关闭 TV101A 的前阀（VB06）；④关闭 TV101A 后阀（VB07）；⑤关闭 TV101B 的前阀（VB08）；⑥关闭 TV101B 的后阀（VB09）；⑦关闭 E101 热物流出口阀（VD07）。

（3）停冷物流进料泵 P101：①关闭 P101 泵的出口阀（VB03）；②停 P101A 泵；③关闭 P101 泵入口阀（VB01）。

（4）停冷物流进料：①FIC101 改手动；②关闭 FIC101 的前阀（VB04）；③关闭 FIC101 的后阀（VB05）；④关闭 FV101；⑤关闭 E101 冷物流出口阀（VD04）。

（5）E101 管程泄漏：①打开泄液阀 VD05；②待管程液体排尽后，关闭泄液阀 VD05。

（6）E101 壳程泄漏：①打开泄液阀 VD02；②待壳程液体排尽后，关闭泄液阀 VD02。

思考题

1. 冷态开车时先送冷物料，后送热物料；而停车时又要先关热物料，后关冷物料，为什么？

2. 开车时不排出不凝气会有什么后果？如何操作才能排净不凝气？

3. 为什么停车后管程和壳程都要高点排气，低点泄液？

4. 你认为本系统调节器 TIC101 的设置合理吗？如不合理应如何改进？

5. 影响间壁式换热器传热量的因素有哪些？

6. 传热有哪几种基本方式，各自的特点是什么？

7. 工业生产中常见的换热器有哪些类型？

项目八 吸收－解吸操作实训

一、工艺流程说明

1.工艺说明

吸收解吸是石油化工生产过程中较常用的重要单元操作过程。吸收过程是利用气体混合物中各个组分在液体(吸收剂)中的溶解度不同,来分离气体混合物。被溶解的组分称为溶质或吸收质,含有溶质的气体称为富气,不被溶解的气体称为贫气或惰性气体。

溶解在吸收剂中的溶质和在气相中的溶质存在溶解平衡,当溶质在吸收剂中达到溶解平衡时,溶质在气相中的分压称为该组分在该吸收剂中的饱和蒸汽压。当溶质在气相中的分压大于该组分的饱和蒸汽压时,溶质就从气相溶入溶质中,称为吸收过程。当溶质在气相中的分压小于该组分的饱和蒸汽压时,溶质就从液相逸出到气相中,称为解吸过程。

提高压力、降低温度有利于溶质吸收;降低压力、提高温度有利于溶质解吸,正是利用这一原理分离气体混合物,而吸收剂可以重复使用。

该单元以 C_6 油为吸收剂,分离气体混合物(其中 C_4:25.13%,CO 和 CO_2:6.26%,N_2:64.58%,H_2:3.5%,O_2:0.53%)中的 C_4 组分(吸收质)。

从界区外来的富气从底部进入吸收塔 T－101。界区外来的纯 C_6 油吸收剂贮存于 C_6 油贮罐 D－101 中,由 C_6 油泵 P－101A/B 送入吸收塔 T－101 的顶部,C_6 流量由 FRC103 控制。吸收剂 C6 油在吸收塔 T－101 中自上而下与富气逆向接触,富气中 C_4 组分被溶解在 C_6 油中。不溶解的贫气自 T－101 顶部排出,经盐水冷却器 E－101 被 －4℃ 的盐水冷却至 2℃ 进入尾气分离罐 D－102。吸收了 C_4 组分的富油(C_4:8.2%,C_6:91.8%)从吸收塔底部排出,经贫富油换热器 E－103 预热至 80℃ 进入解吸塔 T－102。吸收塔塔釜液位由 LIC101 和 FIC104 通过调节塔釜富油采出量串级控制。

来自吸收塔顶部的贫气在尾气分离罐 D－102 中回收冷凝的 C_4,C_6 后,不凝气在 D－102 压力控制器 PIC103(1.2 MPaG)控制下排入放空总管进入大气。回收的冷凝液(C_4,C_6)与吸收塔釜排出的富油一起进入解吸塔 T－102。

预热后的富油进入解吸塔 T－102 进行解吸分离。塔顶气相出料(C4:95%)经全冷器 E－104 换热降温至 40℃ 全部冷凝进入塔顶回流罐 D－103,其中一部分冷凝液由 P－102A/B 泵打回流至解吸塔顶部,回流量 8.0t/h,由 FIC106 控制,其他部分作为 C_4 产品在液位控制(LIC105)下由 P－102A/B 泵抽出。塔釜 C_6 油在液位控制(LIC104)下,经贫富油换热器 E－103 和盐水冷却器 E－102 降温至 5℃ 返回至 C_6 油贮罐 D－101 再利用,返回温度由温度控制器 TIC103 通过调节 E－102 循环冷却水流量控制。

T－102 塔釜温度由 TIC104 和 FIC108 通过调节塔釜再沸器 E－105 的蒸汽流量串级控制,控制温度 102℃。塔顶压力由 PIC－105 通过调节塔顶冷凝器 E－104 的冷却水流量控制,另有一塔顶压力保护控制器 PIC－104,在塔顶有凝气压力高时通过调节 D－103 放空量降压。

因为塔顶 C_4 产品中含有部分 C_6 油及其他 C_6 油损失,所以随着生产的进行,要定期观

察 C_6 油贮罐 D - 101 的液位,补充新鲜 C_6 油。

2. 复杂控制方案说明

吸收解吸单元复杂控制回路主要是串级回路的使用,在吸收塔、解吸塔和产品罐中都使用了液位与流量串级回路。

串级回路是在简单调节系统基础上发展起来的。在结构上,串级回路调节系统有两个闭合回路。主、副调节器串联,主调节器的输出为副调节器的给定值,系统通过副调节器的输出操纵调节阀动作,实现对主参数的定值调节。所以在串级回路调节系统中,主回路是定值调节系统,副回路是随动系统。

举例:在吸收塔 T101 中,为了保证液位的稳定,有一塔釜液位与塔釜出料组成的串级回路。液位调节器的输出同时是流量调节器的给定值,即流量调节器 FIC104 的 SP 值由液位调节器 LIC101 的输出 OP 值控制,LIC101. OP 的变化使 FIC104. SP 产生相应的变化。

吸收系统的 DCS 图见图 1 - 23,吸收系统现场图见图 1 - 24,解吸系统 DCS 图见 1 - 25,解析系统现场图见图 1 - 26。

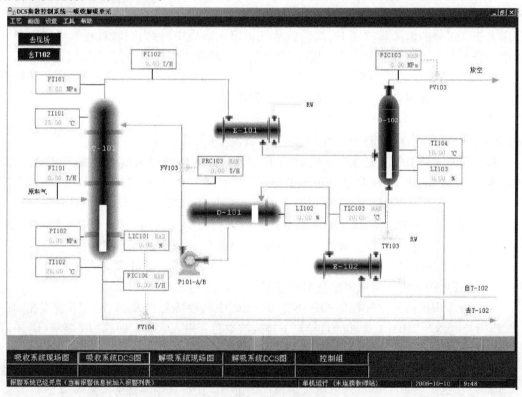

图 1 - 23　吸收系统 DCS 图

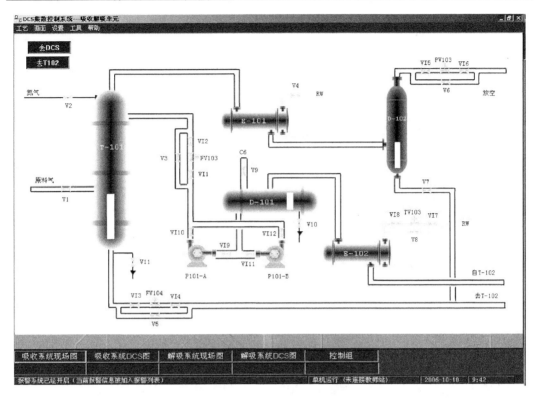

图 1-24 吸收系统现场图

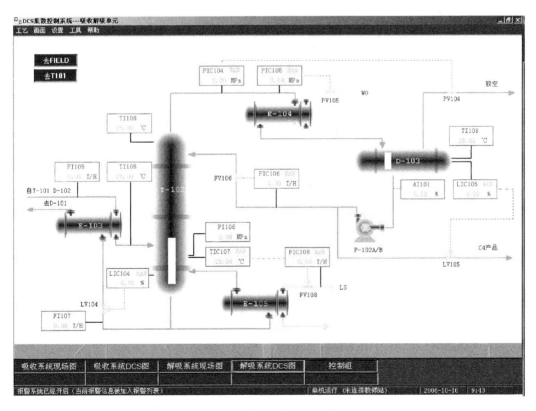

图 1-25 解吸系统 DCS 界面

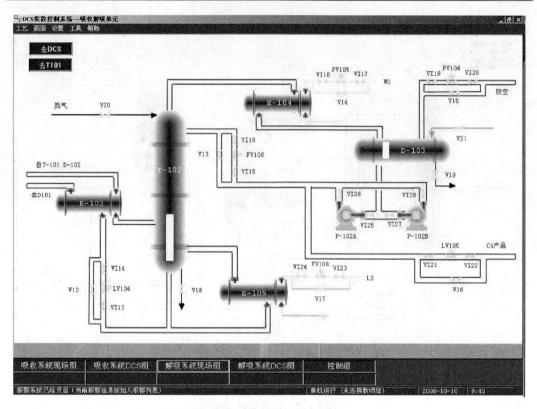

图 1 - 26　解吸系统现场界面

二、主要设备、仪表及报警一览表

主要设备见表 1 - 19。主要仪表及报警一览表见表 1 - 20。

表 1 - 19　主要设备

设备位号	设备名称	设备位号	设备名称
T - 101	吸收塔	P - 101A/B	C_6 油供给泵
D - 101	C_6 油贮罐	D - 103	解吸塔顶回流罐
D - 102	气液分离罐	E - 103	贫富油换热器
E - 101	吸收塔顶冷凝器	E - 104	解吸塔顶冷凝器
E - 102	循环油冷却器	E - 105	解吸塔釜再沸器
T - 102	解吸塔	P - 102A/B	解吸塔顶回流、塔顶产品采出泵

表 1－20　仪表及报警一览表

位号	说明	类型	正常值	量程上限	量程下限	单位	高报	低报	高高报	低低报
AI101	回流罐 C_4 组分	AI	>95.0	100.0	0	%				
FI101	T－101 进料	AI	5.0	10.0	0	t/h				
FI102	T－101 塔顶气量	AI	3.8	6.0	0	t/h				
FRC103	吸收油流量控制	PID	13.50	20.0	0	t/h	16.0	4.0		
FIC104	富油流量控制	PID	14.70	20.0	0	t/h	16.0	4.0		
FI105	T－102 进料	AI	14.70	20.0	0	t/h				
FIC106	回流量控制	PID	8.0	14.0	0	t/h	11.2	2.8		
FI107	T－101 塔底贫油采出	AI	13.41	20.0	0	t/h				
FIC108	加热蒸汽量控制	PID	2.963	6.0	0	t/h				
LIC101	吸收塔液位控制	PID	50	100	0	%	85	15		
LI102	D－101 液位	AI	60.0	100	0	%	85	15		
LI103	D－102 液位	AI	50.0	100	0	%	65	5		
LIC104	解吸塔釜液位控制	PID	50	100	0	%	85	15		
LIC105	回流罐液位控制	PID	50	100	0	%	85	15		
PI101	吸收塔顶压力显示	AI	1.22	20	0	MPa	1.7	0.3		
PI102	吸收塔塔底压力	AI	1.25	20	0	MPa				
PIC103	吸收塔顶压力控制	PID	1.2	20	0	MPa	1.7	0.3		
PIC104	解吸塔顶压力控制	PID	0.55	1.0	0	MPa				
PIC105	解吸塔顶压力控制	PID	0.50	1.0	0	MPa				
PI106	解吸塔底压力显示	AI	0.53	1.0	0	MPa				
TI101	吸收塔塔顶温度	AI	6	40	0	℃				
TI102	吸收塔塔底温度	AI	40	100	0	℃				
TIC103	循环油温度控制	PID	5.0	50	0	℃	10.0	2.5		
TI104	C_4 回收罐温度显示	AI	2.0	40	0	℃				
TI105	预热后温度显示	AI	80.0	150.0	0	℃				
TI106	吸收塔顶温度显示	AI	6.0	50	0	℃				
TIC107	解吸塔釜温度控制	PID	102.0	150.0	0	℃				
TI108	回流罐温度显示	AI	40.0	100	0	℃				

任务一 冷态开车

1. 氮气充压

(1)确认所有手阀处于关状态。

(2)氮气充压。

①打开氮气充压阀 V2,给吸收塔系统充压。

②当吸收塔系统压力升至 1.0 MPa(g)左右时,关闭 N2 充压阀;

③打开氮气充压阀 V20,给解吸塔系统充压;

④当吸收塔系统压力升至 0.5 MPa(g)左右时,关闭 N20 充压阀。

2. 进吸收油

(1)确认。

①系统充压已结束;

②所有手阀处于关状态。

(2)吸收塔系统进吸收油。

①打开引油阀 V9 至开度 50% 左右,给 C_6 油贮罐 D-101 充 C_6 油至液位 50% 以上,关闭 VI9;

②打开 P-101A 泵前阀 VI9;

③启动泵 P-101A;

④打开 P-101A 泵后阀 VI10;

⑤打开调节阀 FV103 前阀 VI1;

⑥打开调节阀 FV103 后阀 VI2;

⑦手动打开调节阀 FV103(开度为 30% 左右),为吸收塔 T-101 进 C_6 油。

(3)解吸塔系统进吸收油。

①T-101 液位 LIC101 升至 50% 以上,打开调节阀 FV104 前阀 VI3;

②打开调节阀 FV104 后阀 VI4;

③手动打开调节阀 FV104(开度 50%);

④D-101 液位在 60% 左右,必要时补充新油;

⑤调节 FV103 和 FV104 的开度,使 T-101 液位在 50% 左右。

3. C6 油冷循环

(1)确认。

①贮罐,吸收塔,解吸塔液位 50% 左右;

②吸收塔系统与解吸塔系统保持合适压差。

(2)建立冷循环。

①手动逐渐打开调节阀 LV104,向 D-101 倒油;

②当向 D-101 倒油时,同时逐渐调整 FV104,以保持 T-102 液位在 50% 左右,将 LIC104 设定在 50% 设自动;

③由 T－101 至 T－102 油循环时,手动调节 FV103 以保持 T－101 液位在 50% 左右,将 LIC101 设定在 50% 投自动;

④手动调节 FV103,使 FRC103 保持在 13.50 t/h,投自动,冷循环 10 min。

4. T－102 回流罐 D－103 灌 C_4

打开 V21 向 D－103 灌 C_4 至液位为 20%。

5. C_6 油热循环

①打开调节阀 LV104 前阀 VI13;

②打开调节阀 LV104 后阀 VI14;

③手动打开 LV104,向 D－101 倒油;

④调整 LV104,使 T－102 液位控制在 50% 左右;

⑤将 LIC104 投自动,将 LIC104 设定在 50%;

⑥将 LIC101 投自动,将 LIC101 设定在 50%;

⑦LIC101 稳定在 50% 后,将 FIC104 投串级;

⑧调节 FV103 使其流量保持在 13.5 t/h,将 FRC103 投自动;

⑨将 FRC103 设定在 13.5 t/h;

⑩D－101 液位在 60% 左右,T－101 液位在 50% 左右。

(2)向 D－103 进 C_4 物料。

①打开 V21 阀,向 D－103 注入 C_4 至液位 LI105 > 40%;

②关闭 V21 阀。

(3)T－102 再沸器投入使用。

①D－103 液位高于 40% 后,打开调节阀 TV103 前阀 VI7;

②打开调节阀 TV103 后阀 VI8;

③将 TIC103 投自动;

④TIC103 设定为 5 度;

⑤打开调节阀 PV105 前阀 VI17;

⑥打开调节阀 PV105 后阀 VI18;

⑦手动打开 PV105 至 70%;

⑧打开调节阀 FV108 前后阀 VI23,V124;

⑨手动打开 FV108 至 50%;

⑩打开 PV104 前后阀 VI19,VI20。

(4)T－102 回流的建立。

①当 TI106 > 45℃ 时,打开泵 P－102A 前阀 VI25;

②启动泵 P－102A;

③打开泵 P－102A 后阀 VI26;

④打开调节阀 FV106 前阀 VI15;

⑤打开调节阀 FV106 后阀 VI16;

⑥手动打开 FV106 至合适开度(流量 > 2 t/h),维持塔顶温度高于 51 ℃;

⑦将 TIC107 投自动；

⑧将 TIC107 设定在 102 ℃；

⑨将 FIC108 投串级。

6. 进富气

(1)确认 C6 油热循环已经建立。

(2)进富气。

①打开 V4 阀，启用冷凝气 E-101；

②逐渐打开富气进料阀 V1；

③打开 PV103 前后阀 VI5、V16，手动控制调节阀 PV103 时压力恒定在 1.2 MPa；当富气进料稳定到正常值投自动；

④设定 PIC103 于 1.2 MPa；

⑤当压力稳定后，将 PIC105 投自动，PIC105 设定值为 0.5 MPa；

⑥PIC104 投自动，PIC104 设定值为 0.55 MPa；

⑦解吸塔压力、温度稳定后，手动调节 FV106 使回流量稳定到正常值 8.0 t/h 后，将 FIC106 投自动，将 FIC106 设定在 8.0 t/h；

⑧D-103 液位 LI105 高于 50% 后，打开 LV105 的前阀 VI21，打开 LV105 的后阀 VI22；

⑨将 LIC105 投自动，将 LIC105 设定在 50%。

任 务 二 正 常 运 行

1. 正常工况操作参数

(1)吸收塔顶压力控制 PIC103：1.20 MPa(表)。

(2)吸收油温度控制 TIC103：5.0 ℃。

(3)解吸塔顶压力控制 PIC105：0.50 MPa(表)。

(4)解吸塔顶温度：51.0 ℃。

(5)解吸塔釜温度控制 TIC107：102.0 ℃。

2. 补充新油

因为塔顶 C_4 产品中含有部分 C_6 油及其他 C_6 油损失，所以随着生产的进行，要定期观察 C6 油贮罐 D-101 的液位，当液位低于 30% 时，打开阀 V9 补充新鲜的 C_6 油。

3. D-102 排液

生产过程中贫气中的少量 C_4 和 C_6 组分积累于尾气分离罐 D-102 中，定期观察 D-102 的液位，当液位高于 70% 时，打开阀 V7 将凝液排放至解吸塔 T-102 中。

4. T-102 塔压控制

正常情况下 T-102 的压力由 PIC-105 通过调节 E-104 的冷却水流量控制。生产过程中会有少量不凝气积累于回流罐 D-103 中使解吸塔系统压力升高，这时 T-102 顶部压力超高保护控制器 PIC-104 会自动控制排放不凝气，维持压力不会超高。必要时可打手动打开 PV104 至开度 1%～3% 来调节压力。

任务三 正常停车

1. 停富气进料

(1)关富气进料阀 V1,停富气进料。

(2)将调节器 LIC105 置手动。

(3)关闭调节阀 LV105。

(4)关闭调节阀 LV105 前阀 VI21。

(5)关闭调节阀 LV105 后阀 VI22。

(6)将压力控制器 PIC103 置手动。

(7)将压力控制器 PIC104 置手动。

(8)手动控制调节阀 PV104 维持解析塔压力在 0.2 MPa 左右。

2. 停吸收塔系统

(1)停 C_6 油进料。

①关闭泵 P101A 出口阀 VI10;

②关闭泵 P101A;

③关闭泵 P101A 出口阀 VI9;

④关闭 FV103;

⑤关闭 FV103 前阀 VI1;

⑥关闭 FV103 后阀 VI2。

(2)吸收塔系统泄油。

①将 FIC104 解除串级置手动状态;

② FV104 开度保持 50% 向 T-102 泄油;

③当 LIC101 为 0% 时关闭 FV104;

④关闭 FV104 前阀 VI3;

⑤关闭 FV104 后阀 VI4;

⑥打开 V7 阀(开度 > 10%),将 D-102 中凝液排至 T-102;

⑦当 D-102 中的液位降至 0 时,关闭 V7 阀;

⑧关 V4 阀,中断冷却盐水,停 E-101;

⑨手动打开 PV103(开度 > 10%),吸收塔系统泄压;

⑩当 PI101 为 0 时,关 PV103;

⑪关 PV103 前后阀 VI5、VI6。

3. 停解吸塔系统

(1)停 C_4 产品出料,富气进料中断后,将 LIC105 置手动,关阀 LV105,及其前后阀。

(2)T-102 塔降温。

①TIC107 置手动;

②FIC108 置手动;

③关闭 E－105 蒸汽阀 FV108；

④关闭 E－105 蒸汽阀 FV108 前阀 VI23；

⑤关闭 E－105 蒸汽阀 FV108 后阀 VI24，停再沸器 E－105。

(3)停 T－102 回流。

①当 LIC105 ＜10％时，关 P－102A 后阀 VI26，停泵 P102A；

②手动关闭 FV106 及其前后阀 V15、V16，停 T－102 回流；

③打开 D－103 泄液阀 V19；

④当 D－103 液位指示下降至 0％时，关 V19 阀。

(4)T－102 泄油。

①手动置 LV104 于 50％，将 T－102 中的油倒入 D－101；

②当 T－102 液位 LIC104 指示下降至 10％时，关 LV104；

③关 LV104 前阀 VI13，关 LV104 后阀 VI14；

④置 TIC103 于手动；

⑤手动关闭 TV103；

⑥手动关闭 TV103 前阀 VI7；

⑦手动关闭 TV103 后阀 VI8；

⑧打开 T－102 泄油阀 V18(开度 ＞10％)；

⑨T－102 液位 LIC104 下降至 0％时，关 V18。

(5)T－102 泄压。

①手动打开 PV104 至开度 50％；开始 T－102 系统泄压；

②当 T－102 系统压力降至常压时，关闭 PV104。

4.吸收油贮罐 D－101 排油

(1)当停 T－101 吸收油进料后，D－101 液位必然上升，此时打开 D－101 排油阀 V10 排污油。

(2)直至 T－102 中油倒空，D－101 液位下降至 0％，关 V10。

任务三　事故处理

1.冷却水中断

主要现象：

(1)冷却水流量为 0。

(2)入口路各阀常开状态。

处理方法：

(1)手动打开 PV104 保压。

(2)关闭 FV108 停用再沸器。

(3)关闭 V1 阀，关闭 PV105。

(4)关闭 PV105 后阀 VI18，关闭 PV105 后阀 VI17。

（5）手动关闭 PV103 保压。

（6）手动关闭 FV104 停止向解吸塔进料。

（7）手动关闭 LV105,停出产品。

（8）手动关闭 FV103。

（9）关闭 FV106,停吸收塔贫油进料和解吸塔回流。

（10）关 LIC104 前后阀,保持液位。

2. 加热蒸汽中断

主要现象：

（1）加热蒸汽管路各阀开度正常。

（2）加热蒸汽入口流量为 0。

（3）塔釜温度急剧下降

处理方法：

（1）关闭 V1 阀,停止加料。

（2）关闭 FV106,停吸收解吸塔回流。

（3）关闭 LV105,停产品采出。

（4）关闭 FV104,停止向解吸塔进料。

（5）关闭 PV103 保压。

（6）关闭 LV104,保持液位。

（7）关闭 FV108,关闭 FV108 前阀 VI24, 后阀 VI23。

3. 仪表风中断

主要现象:各调节阀全开或全关。

处理方法：

（1）打开 FRC103 旁路阀 V3。

（2）打开 FIC104 旁路阀 V5。

（3）打开 PIC103 旁路阀 V6。

（4）打开 TIC103 旁路阀 V8。

（5）打开 LIC104 旁路阀 V12。

（6）打开 FIC106 旁路阀 V13。

（7）打开 PIC105 旁路阀 V14。

（8）打开 PIC104 旁路阀 V15。

（9）打开 LIC105 旁路阀 V16。

（10）打开 FIC108 旁路阀 V17。

4. 停电

主要现象：

（1）泵 P－101A/B 停。

（2）泵 P－102A/B 停。

处理方法：

（1）打开泄液阀 V10,保持 LI102 液位在 55%。

（2）打开泄液阀 V19，保持 LI105 液位在 50%。

（3）关小加热油流量，防止塔温上升过高。

（4）停止进料，关 V1 阀。

5. P－101A 泵坏

主要现象：

（1）FRC103 流量降为 0。

（2）塔顶 C4 上升，温度上升，塔顶压上升。

（3）釜液位下降。

处理方法：

（1）先关泵后阀 VI10，关泵 P101A，再关泵前阀 VI9。

（2）开泵 P－101B 前阀 VI11，开启 P－101B，再开泵后阀 VI12。

（3）由 FRC－103 调至正常值，并投自动。

6. LV104 调节阀卡

主要现象：

（1）FI107 降至 0。

（2）塔釜液位上升，并可能报警。

处理方法：

（1）关 LIC104 前后阀 VI13，VI14。

（2）开 LIC104 旁路阀 V12 至 60% 左右。

（3）调整旁路阀 V12 开度，使液位保持 50%。

7. 换热器 E－105 结垢严重

主要现象：

（1）调节阀 FIC108 开度增大。

（2）加热蒸汽入口流量增大。

（3）塔釜温度下降，塔顶温度也下降，塔釜 C_4 组成上升。

处理方法：

（1）停富气进料和 C_4 产品出料。

①关闭进料阀 V1，停富气进料；②将调节器 LIC105 置手动，关闭调节阀 LV105；③关闭调节阀 LV105 后阀 VI21，关闭调节阀 LV105 前阀 VI22；④将压力控制器 PIC103 置手动；⑤将压力控制器 PIC104 置手动。

（2）停 C_6 油进料。

①关闭泵 P101A 出口阀 VI10；②关闭泵 P101A；③关闭泵 P101A 出口阀 VI9；④关闭 FV103 后阀；⑤关闭 FV103 前阀；⑥关闭 FV103。

（3）吸收塔系统泄油。

①将 FIC104 解除串级置手动状态；②FV104 开度保持 50% 向 T－102 泄油；③当 LIC101 为 0% 时关闭 FV104；④关闭 FV104 前阀 VI4；⑤关闭 FV104 前阀 VI4；⑥打开 V7 阀（开度）10%），将 D－102 中凝液排至 T－102；⑦关 V4 阀，中断冷却盐水，停 E－101；⑧手动打开 PV103（开度〉10%），吸收塔系统泄压；⑨当 PI101 为 0 时，关 PV103；⑩关 PV103 前

阀 VI6,关 PV103 后阀 VI5。

(4)T－102 降温。

①TIC107 置手动;②FIC108 置手动;③关闭 E－105 蒸汽阀 FV108;④关闭 E－105 蒸汽阀 FV108 前阀;⑤关闭 E－105 蒸汽阀 FV108 后阀停再沸器 E－105。

(5)停 T－102 回流。

①当 LIC105＜10% 时,关 P－102A 前阀 VI26;②停泵 P102A;③关 P－102A 后阀;④手动关闭 FV106;⑤关闭 FV106 后阀 VI16;⑥关闭 FV106 前阀 VI15;⑦打开 D－103 泄液阀 V19(开度为 10%);⑧当液位指示下降至 0 时,关闭 V19 阀。

(6)T－102 泄油。

①手动置 LV104 于 50%,将 T－102 中的油倒入 D－101;②当 T－102 液位 LIC104 指示下降至 10% 时,关 LV104;③关 LV104 前阀 VI14;④手动关闭 TV103;⑤手动关闭 TV103 前阀;⑥手动关闭 TV103 前阀;⑦手动关闭 TV103 后阀 VI7;⑧打开 T－102 泄油阀 V18(开度)10%);⑨T－102 液位 LIC104 下降至 0% 时,关 V18。

(7)T－102 泄压。

①手动打开 PV104 至开度 50%;开始 T－102 系统泄压;②当 T－102 系统压力降至常压时,关闭 PV104。

(8)吸收油储罐 D－101 排油。

①当停 T－101 吸收油进料后,D－101 液位必然上升,此时打开 D－101 排油阀 V10 排污油;②直至 T－102 中油倒空,D－101 液位下降至 0%,关 V10。

8.解析塔加热蒸汽压力高

(1)将 FIC108 设为手动模式。

(2)开销 FV108。

(3)当 TIC107 稳定在 102℃ 左右时,将 TIC108 设为串级模式。

(4)TIC107 稳定在 102℃ 左右。

9.解吸塔釜加热蒸汽压力低

(1)将 FIC108 设为手动模式。

(2)开大 FV108。

(3)当 TIC107 稳定在 102℃ 左右时,将 FIC108 设为串级。

(4)TIC108 稳定在 120℃ 左右。

10.解吸塔超压

(1)开大 PV105。

(2)将 PIC104 设为手动模式。

(3)调节 PIC104 以使解吸塔塔顶压力稳定在 0.5 MPa。

(4)当 PIC105 稳定在 0.5 MPa 左右时,将 PIC105 设为自动模式。

(5)将 PIC105 设为 0.5 MPa。

(6)当 PIC105 稳定在 0.5 MPa 左右时,将 PIC104 设为自动模式。

(7)将 PIC104 设为 0.55 MPa。

(8)PIC105 稳定在 0.5 MPa 左右。

11. 吸收塔超压

(1)关小原料气进料阀 V1,使吸收塔塔顶压力 PI101 稳定在 1.22 MPa 左右。

(2)将 PIC103 设定为手动模式。

(3)调节 PV103 以使吸收塔塔顶压力 PI101 稳定在 1.22 MPa。

(4)将原料气进料阀 V1 置为 50%。

(5)当 PI101 稳定在 1.22 MPa 后,将 PIC103 设为自动模式。

(6)将 PIC103 设为 1.2 MPa。

(7)PIC101 稳定在 1.22 MPa 左右。

12. 解析塔釜温度指示环

(1)将 FIC108 设为手动模式,手动调整 FV108。

(2)将 LIC104 设为手动模式,手动调整 LV104。

(3)待 LIC104 稳定在 50% 左右后,将 LIC104 投自动。

(4)解析塔塔顶温度 TI106 稳定在 51 ℃。

(5)解析塔入口温度 TI105 稳定在 80 ℃

(6)解析塔釜液位 LIC104 稳定在 50%。

思考题

1. 吸收岗位的操作是在高压、低温的条件下进行的,为什么说这样的操作条件对吸收过程的进行有利?

2. 请从节能的角度对换热器 E－103 在本单元的作用做出评价。

3. 结合本单元的具体情况,说明串级控制的工作原理。

4. 操作时若发现富油无法进入解吸塔,是由哪些原因导致的? 应如何调整?

5. 假如本单元的操作已经平稳,这时吸收塔的进料富气温度突然升高,分析会导致什么现象? 如果造成系统不稳定,吸收塔的塔顶压力上升(塔顶 C_4 增加),有几种手段将系统调节正常?

6. 请分析本流程的串级控制,如果请你来设计,还有哪些变量间可以通过串级调节控制? 这样做的优点是什么?

7. C_6 油贮罐进料阀为一手操阀,有没有必要在此设一个调节阀,使进料操作自动化,为什么?

项目九　精馏塔工艺仿真

一、工艺流程说明

1. 工艺说明

本流程是利用精馏方法,在脱丁烷塔中将丁烷从脱丙烷塔釜混合物中分离出来。精馏是将液体混合物部分汽化,利用其中各组分相对挥发度的不同,通过液相和气相间的质量传递来实现混合物分离。本装置中将脱丙烷塔釜混合物部分汽化,由于丁烷的沸点较低,即其挥发度较高,故丁烷易于从液相中气化出来,再将汽化的蒸汽冷凝,可得到丁烷组成高于原料的混合物,经过多次汽化冷凝,即可达到分离混合物中丁烷的目的。

原料为67.8℃脱丙烷塔的釜液(主要有 C_4、C_5、C_6、C_7 等),由脱丁烷塔(DA-405)的第16块板进料(全塔共32块板),进料量由流量控制器 FIC101 控制。灵敏板温度由调节器 TC101 通过调节再沸器加热蒸汽的流量,来控制提馏段灵敏板温度,从而控制丁烷的分离质量。

脱丁烷塔塔釜液(主要为 C_5 以上馏分)一部分作为产品采出,一部分经再沸器(EA-418A、B)部分汽化为蒸汽从塔底上升。塔釜的液位和塔釜产品采出量由 LC101 和 FC102 组成的串级控制器控制。再沸器采用低压蒸汽加热。塔釜蒸汽缓冲罐(FA-414)液位由液位控制器 LC102 调节底部采出量控制。

塔顶的上升蒸汽(C_4 馏分和少量 C_5 馏分)经塔顶冷凝器(EA-419)全部冷凝成液体,该冷凝液靠位差流入回流罐(FA-408)。塔顶压力 PC102 采用分程控制:在正常的压力波动下,通过调节塔顶冷凝器的冷却水量来调节压力,当压力超高时,压力报警系统发出报警信号,PC102 调节塔顶至回流罐的排气量来控制塔顶压力调节气相出料。操作压力4.25 atm(表压),高压控制器 PC101 将调节回流罐的气相排放量,来保持塔内压力稳定。冷凝器以冷却水为载热体。回流罐液位由液位控制器 LC103 调节塔顶产品采出量来维持恒定。回流罐中的液体一部分作为塔顶产品送下一工序,另一部分液体由回流泵(GA-412A、B)送回塔顶作为回流,回流量由流量控制器 FC104 控制。

2. 复杂控制方案说明

吸收解吸单元复杂控制回路主要是串级回路的使用,在吸收塔、解吸塔和产品罐中都使用了液位与流量串级回路。

串级回路是在简单调节系统基础上发展起来的。在结构上,串级回路调节系统有两个闭合回路。主、副调节器串联,主调节器的输出为副调节器的给定值,系统通过副调节器的输出操纵调节阀动作,实现对主参数的定值调节。所以在串级回路调节系统中,主回路是定值调节系统,副回路是随动系统。

分程控制就是由一只调节器的输出信号控制两只或更多的调节阀,每只调节阀在调节器的输出信号的某段范围中工作。

具体实例:

DA405 的塔釜液位控制 LC101 和塔釜出料 FC102 构成一串级回路。

FC102.SP 随 LC101.OP 的改变而变化。

PIC102 为一分程控制器,分别控制 PV102A 和 PV102B,当 PC102.OP 逐渐开大时,PV102A 从 0 逐渐开大到 100;而 PV102B 从 100 逐渐关小至 0。

精馏塔 DCS 图见图 1-27,精馏塔现场图见 1-28。

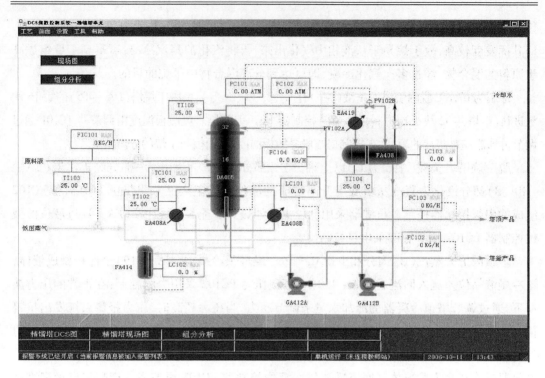

图 1－27　精馏塔 DCS 图

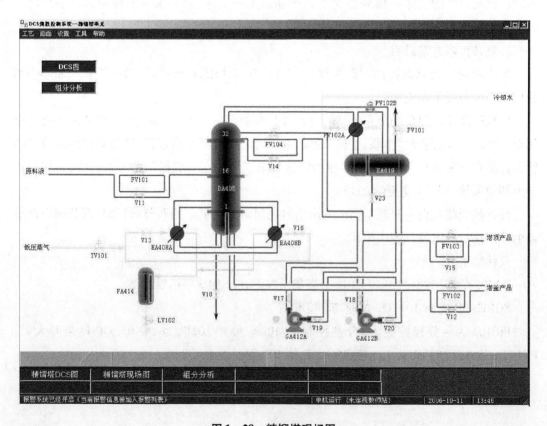

图 1－28　精馏塔现场图

二、主要设备、仪器

主要设备见表1-21,主要仪表见表1-22。

表1-21 主要设备

设备位号	设备名称	设备位号	设备名称
DA-405	脱丁烷塔	GA-412A、B	回流泵
EA-419	塔顶冷凝器	EA-418A、B	塔釜再沸器
FA-408	塔顶回流罐	FA-414	塔釜蒸汽缓冲罐

表1-22 主要仪表

位号	说明	类型	正常值	量程高限	量程低限	工程单位
FIC101	塔进料量控制	PID	14 056.0	28 000.0	0.0	kg/h
FC102	塔釜采出量控制	PID	7 349.0	14 698.0	0.0	kg/h
FC103	塔顶采出量控制	PID	6 707.0	13 414.0	0.0	kg/h
FC104	塔顶回流量控制	PID	9 664.0	19 000.0	0.0	kg/h
PC101	塔顶压力控制	PID	4.25	8.5	0.0	atm
PC102	塔顶压力控制	PID	4.25	8.5	0.0	atm
TC101	灵敏板温度控制	PID	89.3	190.0	0.0	℃
LC101	塔釜液位控制	PID	50.0	100.0	0.0	%
LC102	塔釜蒸汽缓冲罐液位控制	PID	50.0	100.0	0.0	%
LC103	塔顶回流罐液位控制	PID	50.0	100.0	0.0	%
TI102	塔釜温度	AI	109.3	200.0	0.0	℃
TI103	进料温度	AI	67.8	100.0	0.0	℃
TI104	回流温度	AI	39.1	100.0	0.0	℃
TI105	塔顶气温度	AI	46.5	100.0	0.0	℃

任务一 冷态开车

装置冷态开工状态为精馏塔单元处于常温、常压氮吹扫完毕后的氮封状态,所有阀门、机泵处于关停状态。

1. 进料过程

(1)打开PV102B前截止阀V51。

(2)打开PV102B后截止阀V52。

(3)打开PV101前截止阀V45。

（4）打开 PV101 后截止阀 V46。

（5）微开 PV101 排放塔内不凝气。

（6）打开 FV101 前截止阀 V31。

（7）打开 FV101 后截止阀 V32。

（8）向精馏塔进料：缓慢打开 FV101，直接开度大于 40%。

（9）当压力升高至 0.5atm（表压）时，关闭 PV101。

（10）塔顶压力大于 1.0atm，不超过 4.25atm。

2. 启动再沸器

（1）打开 PV102A 前截止阀 V48。

（2）打开 PV102A 后截止阀 V49。

（3）当压力 PC101 升至 0.5 atm 时，打开冷凝水 PC102 调节阀至 50%；塔压基本稳定在 4.25 atm 后，可加大塔进料（FIC101 开至 50% 左右）。

（4）待塔釜液位 LC101 升至 20% 以上时，开加热蒸汽入口阀 V13，再稍开 TC101 调节阀，给再沸器缓慢加热，并调节 TC101 阀开度使塔釜液位 LC101 维持在 40% ~ 60%。待 FA - 414 液位 LC102 升至 50% 时，并投自动，设定值为 50%。

（5）打开 TV101 前截止阀 V33。

（6）打开 TV101 后截止阀 V34。

（7）稍开 TC101 调节阀，给再沸器缓慢加热。

（8）打开 LV102 前截止阀 V36。

（9）打开 LV102 后截止阀 V37。

（10）将蒸汽冷凝水贮罐 FA414 的液位控制 LC102 设为自动。

（11）将蒸汽冷凝水贮罐 FA414 的液位 LC102 设定在 50%。

（12）逐渐开大 TV101 至 50%，使塔釜温度逐渐上升至 100 ℃，灵敏板温度升至 75 ℃。

3. 建立回流

（1）打开回流泵 GA412A 入口阀 V19。

（2）启动泵。

（3）打开泵出口阀 V17。

（4）打开 FV104 前截止阀 V43。

（5）打开 FV104 后截止阀 V44。

（6）手动打开调节阀 FV104（开度大于 40%），维持回流罐液位升至 40% 以上。

（7）回流罐液位 LC103。

4. 调整至正常

（1）待塔压稳定后，将 PC101 设置为自动。

（2）设定 PC101 为 4.25 atm。

（3）将 PC102 设置为自动。

（4）设定 PC102 为 4.25 atm。

（5）塔压完全稳定后,将 PC101 设置为 5.0 atm。

（6）待进料量稳定在 14 056 kg/h 后,将 FIC101 设置为自动。

（7）设定 FIC101 为 14 056 kg/h。

（8）热敏板温度稳定在 89.3 ℃,塔釜温度 TI102 稳定在 109.3 ℃后,将 TC101 设置为自动。

（9）进料量稳定在 14 056 kg/h。

（10）灵敏板温度 TC101。

（11）塔釜温度稳定在 109.3 ℃。

（12）将调节阀 FV104 开全 50%。

（13）当 PC104 流量稳定在 9 664 kg/h 后,将其设置为自动。

（14）设定 FC104 为 9 664 kg/h。

（15）FC104 流量稳定在 9 664 kg/h。

（16）打开 FV102 前截止阀 V39。

（17）打开 FV102 后截止阀 V40。

（18）当塔釜液位无法维持时(大于 35%),逐渐打开 FC102,采出塔釜产品。

（19）塔釜液位 LC101。

（20）当塔釜产品采出量稳定在 7 349 kg/h,将 FC102 设置为自动。

（21）设定 FC102 为 7 349 kg/h。

（22）将 LC101 设置为自动。

（23）设定 LC101 为 50%。

（24）将 FC102 设置为串级。

（25）塔釜产品采出量稳定在 7 349 kg/h。

（26）打开 FV103 前截止阀 V41。

（27）打开 FV103 后截止阀 V42。

（28）当回流罐液位无法维持时,逐渐打开 FV103,采出塔顶产品。

（29）待产出稳定在 6 707 kg/h,将 FC103 设置为自动。

（30）设定 FC103 为 6 707 kg/h。

（31）将 LC103 设置为自动。

（32）将 FC103 设置为串级。

（34）塔顶产品采出量稳定在 6 707 kg/h。

任务二 正常运行

1.正常工况下的工艺参数

（1）精馏塔压力稳定在 4.25 atm。

（2）精馏塔灵敏板温度稳定在 89.3 ℃。

（3）精馏塔塔顶温度稳定在 46.53 ℃。

（4）精馏塔塔釜液位稳定在 50%。

（5）回流罐液位稳定在 50%。

（6）蒸汽缓冲罐液位稳定在 50%。

（7）原料液进料流量稳定在 14 056 kg/h。

（8）回流流量稳定在 9 664 kg/h。

（9）精馏塔塔釜流量 FC102 维持在 7 349 kg/h 左右。

（10）精馏塔塔顶产品流量 FC103 维持在 6 707 kg/h 左右。

（11）起始总分归零。

（12）操作时间达到 3 min。

（13）操作时间达到 6 min。

（14）操作时间达到 9 min。

（15）操作时间达到 12 min。

（16）操作时间达到 14 min 45 s。

2. 主要工艺生产指标的调整方法

（1）质量调节：本系统的质量调节采用以提馏段灵敏板温度作为主参数，以再沸器和加热蒸汽流量的调节系统，以实现对塔的分离质量控制。

（2）压力控制：在正常的压力情况下，由塔顶冷凝器的冷却水量来调节压力，当压力高于操作压力 4.25 atm（表压）时，压力报警系统发出报警信号，同时调节器 PC101 将调节回流罐的气相出料，为了保持同气相出料的相对平衡，该系统采用压力分程调节。

（3）液位调节：塔釜液位由调节塔釜的产品采出量来维持恒定。设有高低液位报警。回流罐液位由调节塔顶产品采出量来维持恒定。设有高低液位报警。

（4）流量调节：进料量和回流量都采用单回路的流量控制；再沸器加热介质流量，由灵敏板温度调节。

任务三　正常停车

1. 降负荷

(1)手动逐步关小 FV101 调节阀，降低进料至正常进料量的 70%。

(2)进料降至正常进料的 70%。

(3)保持灵敏板温度 TC101 的稳定性。

(4)保持塔压 PC102 的稳定性。

(5)断开 LC103 和 FC103 的串级，手动开大 FV103，使液位 LC103 降至 20%。

(6)液位 LC103 降至 20%。

(7)断开 LC101 和 FC102 的串级，手动开大 FV102，使液位 LC101 降至 30%。

(8)液位 LC101 降至 30%。

(4)在降负荷过程中，尽量通过 FC102 排出塔釜产品，使 LC101 降至 30% 左右。

2. 停进料和再沸器

在负荷降至正常的 70%,且产品已大部采出后,停进料和再沸器。

(1)停精馏塔进料,关闭调节阀 FV101。

(2)关闭 FV101 前截止阀 V31。

(3)关闭 FV101 后截止阀 V32。

(4)关闭调节阀 TV101。

(5)关闭 TV101 前截止阀 V33。

(6)关闭 TV101 后截止阀 V34。

(7)停加热蒸气,关加热蒸气阀 V13。

(8)停止产品采出,手动关闭 FV102。

(9)关闭 FV102 前截止阀 V39。

(10)关闭 FV102 后截止阀 V40。

(11)手动关闭 FV103。

(12)关闭 FV103 前截止阀 V41。

(13)关闭 FV103 后截止阀 V42。

(14)打开塔釜泄液阀 V10,排出不合格产品。

(15)将 LC102 置为手动模式。

(16)操作 LC102 对 FA414 进行泄液。

3. 停回流

(1)手动开大 FV104,将回流罐内液体全部打入精馏塔,以降低塔内温度。

(2)当回流罐液位降至 0%,停回流,关闭调节阀 FV104。

(3)关闭 FV104 前截止阀 V43。

(4)关闭 FV104 后截止阀 V44

(5)关闭泵出口阀 V17。

(6)停泵 GA412A。

(7)关闭泵入口阀 V19。

4. 降压、降温

(1)塔内液体排完后,手动打开 PV101 进行降压。

(2)当塔压降至常压后,关闭 PV101。

(3)关闭 PV101 前截止阀 V45。

(4)关闭 PV101 后截止阀 V46。

(5)灵敏板温度降至 50℃以下,PC102 投手动。

(6)灵敏板温度降至 50℃以下,关塔顶冷凝器冷凝水,手动关闭 PV102A。

(7)关闭 PV102A 前截止阀 V48。

(8)关闭 PV102A 后截止阀 V49。

(9)当塔釜液位降至 0%后,关闭泄液阀 V10。

任务四　事　故　处　理

1．热蒸汽压力过高

原因：热蒸汽压力过高。

现象：加热蒸汽的流量增大，塔釜温度持续上升。

处理：

(1)将 TC101 改为手动调节。

(2)适当减小 TC101 的阀门开度。

(3)待温度稳定后，将 TC101 改为自动调节，将 TC101 设定为 89.3 ℃。

(4)质量指标：灵敏塔板温度 TC101。

2．热蒸汽压力过低

原因：热蒸汽压力过低。

现象：加热蒸汽的流量减小，塔釜温度持续下降。

处理：

(1)将 TC101 改为手动调节。

(2)适当增大 TC101 的开度。

(3)待温度稳定后，将 TC101 改为自动调节，将 TC101 设定为 89.3 ℃。

(4)质量指标：灵敏塔板温度 TC101。

3．冷凝水中断

原因：停冷凝水。

现象：塔顶温度上升，塔顶压力升高。

处理：

(1)将 PC101 设置为手动。

(2)打开回流罐放空阀 PV101。

(3)将 FIC101 设置为手动。

(4)关闭 FIC101，停止进料。

(5)关闭 FV101 前截止阀 V31。

(6)关闭 FV101 后截止阀 V32。

(7)将 TC101 设置为手动。

(8)关闭 TC101，停止加热蒸汽。

(9)关闭 TV101 前截止阀 V33。

(10)关闭 TV101 后截止阀 V34。

(11)将 FC102 设置为手动。

(12)关闭 FC102，停止产品采出。

(13)关闭 FV102 前截止阀 V39。

(14)关闭 FV102 后截止阀 V40。

（15）将 FC103 设置为手动。

（16）关闭 FC103,停止产品采出。

（17）关闭 FV103 前截止阀 V41。

（18）关闭 FV103 后截止阀 V42。

（19）打开塔釜泄液阀 V10。

（20）打开回流罐泄液阀 V23 排不合格产品。

（21）将 LC102 设置为手动。

（22）打开 LC102,对 FA414 泄液。

（23）当回流罐液位为 0 时,关闭 V23。

（24）关闭回流泵 GA412A 出口阀 V17。

（25）停泵 GA412A。

（26）关闭回流泵 GA412A 入口阀 V19。

（27）当塔釜液位为 0 时,关闭 V10。

（28）当塔顶压力降至常压,关闭冷凝器。

（29）关闭 PV102A 前截止阀 V48。

（30）关闭 PV102A 后截止阀 V49。

4. 停电

原因:停电。

现象:回流泵 GA412A 停止,回流中断。

处理:

（1）将 PC101 设置为手动。

（2）打开回流罐放空阀 PV101。

（3）将 FIC101 设置为手动。

（4）关闭 FIC101,停止进料。

（5）关闭 FV101 前截止阀 V31。

（6）关闭 FV101 后截止阀 V32。

（7）将 TC101 设置为手动。

（8）关闭 TC101,停止加热蒸气。

（9）关闭 TV101 前截止阀 V33。

（10）关闭 TV101 后截止阀 V34。

（11）将 FC102 设置为手动。

（12）关闭 FC102,停止产品采出。

（13）关闭 FV102 前截止阀 V39。

（14）关闭 FV102 后截止阀 V40。

（15）将 FC103 设置为手动。

（16）关闭 FC103,停止产品采出。

（17）关闭 FV103 前截止阀 V41。

(18)关闭 FV103 后截止阀 V42。

(19)打开塔釜泄液阀 V10。

(20)打开回流罐泄液阀 V23 排不合格产品。

(21)打开 LC102,对 FA414 泄液。

(22)打开 LC102,对 FA414 泄液。

(23)当回流罐液位为 0 时,关闭 V23。

(24)关闭回流泵 GA412A 出口阀 V17。

(25)关闭回流泵 GA412A 入口阀 V19。

(26)当塔釜液位为 0 时,关闭 V10。

(27)当塔顶压力降至常压,关闭冷凝器。

(28)关闭 PV102A 前截止阀 V4。

(29)关闭 PV102A 后截止阀 V49。

5. 回流泵故障

原因:回流泵 GA－412A 泵坏。

现象:GA－412A 断电,回流中断,塔顶压力、温度上升。

处理:

(1)开备用泵入口阀 V20。

(2)启动备用泵 GA412B。

(3)开备用泵出口阀 V18。

(4)关闭运行泵出口阀 V17。

(5)停运行泵 GA412A。

(6)关闭运行泵入口阀 V19。

6. 回流泵 GA412A 故障

(1)开备用泵入口阀,启动备用泵 GA412B,开备用泵出口阀 V18。

(2)关泵出口阀 V17,停泵 GA412A,关泵入口阀 V19。

7. 回流控制阀 FV104 阀卡

原因:回流控制阀 FC104 阀卡。

现象:回流量减小,塔顶温度上升,压力增大。

处理:

(1)将 FC104 设为手动模式。

(2)关闭 FV104 前截止阀 V43。

(3)关闭 FV104 后截止阀 V44。

(4)打开旁通阀 V14,保持回流。

8. 低压蒸汽停

(1)PC101 设为手动,打开回流罐放空阀 PV101。

(2)将 FIC101 设为手动,关闭 FV101,停止进料,关闭前、后截止阀 V31,V32。

(3)将 TC101 设为手动,关闭 TC101,停止加热蒸汽,关闭 TV101 前、后截止阀 V33,

V34。

（4）将 FC102 设为手动，关闭 FV102，停止产品采出，关闭前、后截止阀 V39、V40。

（5）将 FC103 设为手动，关闭 FV103，停止产品采出，关闭前、后截止阀 V41、V42。

（6）打开塔釜泄液阀 V10，打开回流罐泻液阀 V23 排不合格产品。

（7）将 LC102 设为手动，打开 LC102 对 FA414 泻液，当回流罐液位为 0 时，关闭 V23，关闭回流泵 GA412A 出口阀 V17，停泵 GA412A。

（8）关闭回流泵 GA412A 入口阀 V19，当塔釜液位为 0 时，关闭 V10，当塔顶压力降至常压，关闭冷凝器，关闭 PV102A 前、后截止阀 V48、V49。

9. 塔釜出料调节阀卡

将 FC102 设为手动，关闭 FV102 前、后截止阀 V30、V40，打开旁通阀 V12，维持塔釜液位。

10. 再沸器严重结垢

打开备用再沸器 EA408B 蒸汽入口阀 V16，关闭再沸器 EA408A 蒸汽入口阀 V13。

11. 仪表风停

（1）先后打开 FV101、TV101、LV102、FV102、PV102A、FV104、FV103 的旁通阀 V11、V35、V38、V12、V50、V14、V15。

（2）先后关闭 PV102A 的前后截止阀 V48、V49。

（3）先后关闭 PV101 的前后截止阀 V45、V46。

（4）调节旁通阀使 PI101 为 4.25 atm。

（5）调节旁通阀使 FA408 液位 LC103 为 50%。

（6）调节旁通阀使精馏塔液位 LV101 为 50%。

（7）调节旁通阀使 FA414 液位 LC102 为 50%。

（8）调节旁通阀使精馏塔温度 TC101 为 89.3 ℃。

（9）调节旁通阀使精馏塔进料 FIC101 为 14 056 kg/h。

（10）调节旁通阀使精馏塔回流流量 FC104 为 9 664 kg/h。

12. 进料压力突然增大

（1）将 FIC101 投手动，调节 FV101，使原料液进料达到正常值。

（2）原料液进料流量稳定在 14 056 kg/h，之后将 FIC101 投自动，将 FIC101 设为 14 056 kg/h。

13. 再沸器积水

（1）调节 LV102，降低 FA414 液位，罐 FA414 液位维持在 50% 左右，将 LC102 投自动。

（2）将 LC102 的设定值设定为 50%，维持精馏塔温度 TC101 为 89.3℃。精馏塔液位 LC101 维持在 50% 左右。

14. 回流罐液位超高

（1）将 FC103 设为手动模式，开打阀 FV102，打开泵 GA412B 前阀 V20，开度 50%，启动泵 GA412B。

（2）打开泵 GA412B 后阀 V18，开度 50%，将 FC104 设为手动模式。

（3）即使调整阀 FV104，使 FC104 流量稳定在 9 664 kg/h 左右。

（4）当 FA408 液位接近正常液位时，关闭泵 GA412B 后阀 V18，关闭泵 GA412B，关闭泵

GA412B 前阀 V20。

（5）即使调整阀 FV103，使回流罐液位 LC103 稳定在 50%，稳定后，将 FC103 设为串级。

（6）FC104 最后稳定在 9 664 kg/h 后，将 FC104 设为自动，将 FC104 放入设定值设为 9 664 kg/h。

15. 塔釜轻组分含量偏高

（1）手动调节回流阀 FV104，当回流流量稳定在 9 664 kg/h 时，将 FC104 投自动，将 FC104 设为 9 664 kg/h。

（2）回流流量 FC104 稳定在 9 664 kg/h，塔釜轻组分含量低于 0.002。

16. 原料液进料调节阀卡

将 FIC101 设为手动模式，关闭 FV101 的前、后阀 V31，V32，打开 FV101 的旁通阀 V11，维持塔内液位。

17. 正常工况随机事故

（1）精馏塔压力稳定在 4.25 atm。

（2）精馏塔灵敏板温度稳定在 89.3 ℃

（3）精馏塔塔顶温度稳定在 46.53 ℃，馏塔液位稳定在 50%。

（4）回流罐、蒸汽缓冲罐液位稳定在 50%。

（5）原料液进料流量、回流流量稳定在 9 664 kg/h 左右。

（6）精馏塔塔顶产品流量 FC103 维持在 6 707 kg/h 左右。

思考题

1. 什么叫蒸馏？在化工生产中分离什么样的混合物？蒸馏和精馏的关系是什么？

2. 精馏的主要设备有哪些？

3. 在本单元中，如果塔顶温度、压力都超过标准，可使用几种方法将系统调节稳定？

4. 当系统在一较高负荷突然出现大的波动、不稳定，为什么要将系统降到低负荷的稳态，再重新开到高负荷？

5. 根据本单元的实际，结合"化工原理"讲述的原理，说明回流比的作用。

6. 若精馏塔灵敏板温度过高或过低，则意味着分离效果如何？应通过改变哪些变量来调节至正常？

7. 请分析本流程中如何通过分程控制来调节精馏塔正常操作压力的。

8. 根据本单元的实际，理解串级控制的工作原理和操作方法。

第二单元 化学反应工程实训项目

项目一 固定床反应器操作实训

一、工艺流程说明

1. 工艺说明

本流程为利用催化加氢脱乙炔的工艺。乙炔是通过等温加氢反应器除掉的,反应器温度由壳侧中冷剂温度控制。

主反应为:$nC_2H_2 + 2nH_2 \rightarrow (C_2H_6)n$,该反应是放热反应。每克乙炔反应后放出热量约为 142 256 kJ。温度超过 66℃时有副反应为:$2nC_2H_4 \rightarrow (C_4H_8)n$,该反应也是放热反应。

冷却介质为液态丁烷,通过丁烷蒸发带走反应器中的热量,丁烷蒸汽通过冷却水冷凝。

反应原料分两股,一股为约 −15 ℃的以 C_2 为主的烃原料,进料量由流量控制器 FIC1425 控制;另一股为 H_2 与 CH_4 的混合气,温度约 10 ℃,进料量由流量控制器 FIC1427 控制。FIC1425 与 FIC1427 为比值控制,两股原料按一定比例在管线中混合后经原料气/反应气换热器(EH − 423)预热,再经原料预热器(EH − 424)预热到 38℃,进入固定床反应器(ER − 424A/B)。预热温度由温度控制器 TIC1466 通过调节预热器 EH − 424 加热蒸汽(S3)的流量来控制。

ER − 424A/B 中的反应原料在 2.523MPa、44 ℃下反应生成 C_2H_6。当温度过高时会发生 C_2H_4 聚合生成 C_4H_8 的副反应。反应器中的热量由反应器壳侧循环的加压 C_4 冷剂蒸发带走。C_4 蒸汽在水冷器 EH − 429 中由冷却水冷凝,而 C_4 冷剂的压力由压力控制器 PIC − 1426 通过调节 C_4 蒸汽冷凝回流量来控制,从而保持 C_4 冷剂的温度。

2. 复杂控制回路说明

FFI1427:为一比值调节器。根据 FIC1425(以 C_2 为主的烃原料)的流量,按一定的比例,相适应的调整 FIC1427(H_2)的流量。

比值调节:工业上为了保持两种或两种以上物料的比例为一定值的调节叫比值调节。对于比值调节系统,首先是要明确哪种物料是主物料,而另一种物料按主物料来配比。在本单元中,FIC1425(以 C_2 为主的烃原料)为主物料,而 FIC1427(H_2)的量是随主物料(C_2 为主的烃原料)的量的变化而改变。

3.联锁说明

(1)联锁源。

①现场手动紧急停车(紧急停车按钮)。

②反应器温度高报(TI1467A/B>66℃)。

(2)联锁动作。

①关闭氢气进料,FIC1427设手动。

②关闭加热器EH-424蒸汽进料,TIC1466设手动。

③闪蒸器冷凝回流控制PIC1426设手动,开度100%。

④自动打开电磁阀XV1426。

该联锁有一复位按钮。

(3)注意:在复位前,应首先确定反应器温度已降回正常,同时处于手动状态的各控制点的设定应设成最低值。

固定床反应器DCS图见图1-29,固定床反应器现场图见图1-30。

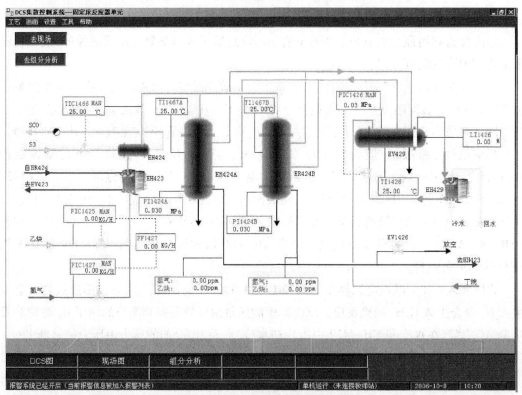

图1-29 固定床反应器DCS图

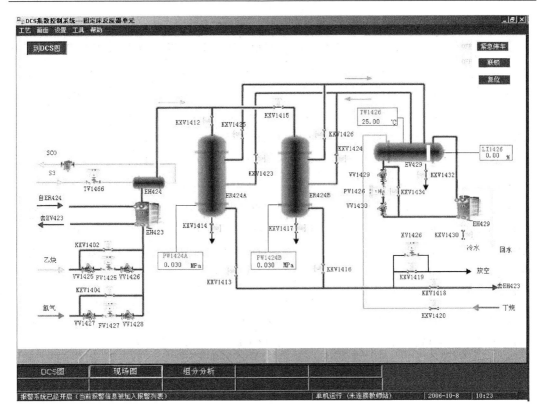

图 1-30 固定床反应器现场图

二、主要设备、仪表及报警一览表

1. 主要设备

主要设备见表 1-23。

表 1-23 主要设备

设备位号	设备名称	设备位号	设备名称
EH-423	原料气/反应气换热器	EV-429	C_4 闪蒸罐
EH-424	原料气预热器	ER424A/B	C_2X 加氢反应器
EH-429	C_4 蒸汽冷凝器		

2. 主要仪表及报警一览表

主要仪表及报警一览表见表 1-24。

表 1-24　主要仪表及报警一览表

位号	说明	类型	量程高限	量程低限	工程单位	报警上限	报警下限
PIC1426	EV429 罐压力控制	PID	1.0	0.0	MPa	0.70	无
TIC1466	EH423 出口温控	PID	80.0	0.0	℃	43.0	无
FIC1425	C_2X 流量控制	PID	700 000.0	0.0	kg/h	无	无
FIC1427	H_2 流量控制	PID	300.0	0.0	kg/h	无	无
FT1425	C_2X 流量	PV	700 000.0	0.0	kg/h	无	无
FT1427	H_2 流量	PV	300.0	0.0	kg/h	无	无
TC1466	EH423 出口温度	PV	80.0	0.0	℃	43.0	无
TI1467A	ER424A 温度	PV	400.0	0.0	℃	48.0	无
TI1467B	ER424B 温度	PV	400.0	0.0	℃	48.0	无
PC1426	EV429 压力	PV	1.0	0.0	MPa	0.70	无
LI1426	EV429 液位	PV	100	0.0	%	80.0	20.0
AT1428	ER424A 出口氢浓度	PV	200 000.0	$\times10^{-6}$		90.0	无
AT1429	ER424A 出口乙炔浓度	PV	1 000 000.0	$\times10^{-6}$		无	无
AT1430	ER424B 出口氢浓度	PV	200 000.0	$\times10^{-6}$		90.0	无
AT1431	ER424B 出口乙炔浓度	PV	1 000 000.0	$\times10^{-6}$		无	无

任务一　冷态开车

装置的开工状态为反应器和闪蒸罐都处于已进行过氮气冲压置换后,保压在 0.03 MPa 状态。可以直接进行实气冲压置换。

1. EV-429 闪蒸器充丁烷

(1)确认 EV-429 压力为 0.03 MPa。

(2)打开 EV-429 回流阀 PV1426 的前后阀 VV1429、VV1430。

(3)调节 PV1426(PIC1426)阀开度为 50%。

(4)EH-429 通冷却水,打开 KXV1430,开度为 50%。

(5)打开 EV-429 的丁烷进料阀门 KXV1420,开度 50%。

(6)当 EV-429 液位到达 50% 时,关进料阀 KXV1420。

2. ER-424A 反应器充丁烷

(1)确认 ER-424A 压力为 0.03MPA。

(2)确认 EV-429 液位达到 50%。

(3)打开丁烷冷剂进 ER-424A 壳层阀 KXV1423。

(4)打开丁烷冷剂出 ER-424A 壳层阀 KXV1425。

3. ER-424A 启动

(1)稍开 S3 蒸汽进料控制阀 TIC1466,开度 30%。

（2）将 PIC1426 压力设定在 0.40 MPa，投自动。

任务二 正常运行

1. 正常工况下工艺参数

（1）使氢气流量 FIC1427 稳定在 200 kg/h 左右。

（2）使乙炔流量 FIC1425 稳定在 56 186.8 kg/h 左右。

（3）使闪蒸罐 EV-429 压力 PC1426 稳定在 0.4 MPa。

（4）使反应器 ER-424A 压力 PI1424A 稳定在 2.523 MPa 左右。

（5）使反应器 ER-424A 入口温度 TC1466 稳定在 38 ℃。

（6）使反应器 ER-424A 温度 TI1467A 稳定在 44 ℃。

（7）使闪蒸罐 EV-429 液位 LI1426 稳定在 50%。

（8）使闪蒸罐 EV-429A 温度 TI1426 稳定在 36 ℃。

2. ER-424A 与 ER-424B 间切换

（1）关闭氢气进料。

（2）ER-424A 温度下降低于 38.0℃后，打开 C4 冷剂进 ER-424B 的阀 KXV1424、KXV1426，关闭 C4 冷剂进 ER-424A 的阀 KXV1423、KXV1425。

（3）开 C2H2 进 ER-424B 的阀 KXV1415，微开 KXV1416。关 C2H2 进 ER-424A 的阀 KXV1412。

3. ER-424B 的操作

ER-424B 的操作与 ER-424A 操作相同。

任务三 正常停车与紧急停车

1. 正常停车

(1)关闭氢气进料阀。

①FIC1427 打到手动；

②关闭 FV1427，VV1427，VV1428。

(2)关闭加热器 EH-424 蒸汽进料阀 TIC1466。

①TIC1466 打到手动；

②关闭加热器 EH-424 蒸汽进料阀 TC1466。

(3)全开闪蒸器冷凝回流阀 PV1426。

①PIC1426 打到手动；

②全开闪蒸器回流阀 PV1426。

(4)逐渐关闭乙炔进料阀 FV1425。

①FIC1425 打到手动；

②逐渐关闭乙炔进料阀 FV1425；

③关闭 VV1425，VV1426。

（5）逐渐开大 EH－429 冷却水进料阀 KXV1430。

①逐渐开大 EH－429 冷却水进料阀 KXV1430；

②闪蒸器温度：TW1426 降到常温；

③反应器压力：PI1424A 降至常压；

④反应器温度：TI1467A 降至常温。

2. 紧急停车

（1）与停车操作规程相同。

（2）也可按急停车按钮（在现场操作图上）。

任务四　事　故　处　理

1. 氢气进料阀卡住

原因：FIC1427 卡在 20% 处。

现象：氢气量无法自动调节。

处理：

（1）将 FIC1427 打到手动。

（2）关闭 FIC1427。

（3）关闭 VV1427。

（4）关闭 VV1428。

（5）关小 KXV1430 阀，降低 EH－429 冷却水的量。

（6）用旁路阀 KXV1404 调节氢气量。

（7）当氢气流量恢复正常后，将 KXV1430 开到 50%。

2. 预热器 EH－424 阀卡住

原因：TIC1466 卡在 70% 处。

现象：换热器出口温度超高。

处理：

（1）开大阀 KXV1430，增加 EH－429 冷却水的量。

（2）将 FIC1427 改为手动。

（3）关小 FV1427 阀，减少配氢量。

3. 闪蒸罐压力调节阀卡

原因：PIC1426 卡在 20% 处。

现象：闪蒸罐压力,温度超高。

处理：

（1）将 PIC1426 转为手动。

（2）关闭 PIC1426。

（3）关闭 VV1430。

（4）关闭 VV1429。

（5）开大阀 KXV1430,增加 EH - 429 冷却水的量。

（6）用旁路阀 KXV1434 手动调节。

4. 反应器漏气

原因:反应器漏气,KXV1414 卡在 50%处。

现象:反应器压力迅速降低。

处理:

（1）关闭氢气进料阀。

①关闭氢气进料阀 VV1427;②关闭 VV1428;③FIC1427 打到手动;④关闭 FV1427。

（2）关闭加热器 EH - 424 蒸汽进料阀 TC1466。

①TIC1466 打到手动;②关闭加热器 EH - 424 蒸汽进料阀 TC1466。

（3）全开闪蒸器回流阀 PV1426。

①PIC1426 打到手动;②全开闪蒸器回流阀 PV1426;

（4）逐渐关闭乙炔进料阀 FV1425。

①FIC1425 打到手动;②逐渐关闭乙炔进料阀 FV1425;③关闭 VV1425;④关闭 VV1426。

（5）逐渐开大 EH - 429 冷却水进料阀 KXV1430。

①逐渐开大 EH - 429 冷却水进料阀 KXV1430;②闪蒸器温度:TW1426 降到常温;③反应器压力:P424A 降至常压;④反应器温度:TI1467A 降至常温。

5. EH - 429 冷却水停

原因:EH - 429 冷却水供应停止。

现象:闪蒸罐压力,温度超高。

处理:

（1）关闭氢气进料阀。

①关闭氢气进料阀 VV1427;②关闭 VV1428;③FIC1427 打到手动;④关闭 FV1427。

（2）关闭加热器 EH - 424 蒸汽进料阀 TC1466。

①TIC1466 打到手动;②关闭加热器 EH - 424 蒸汽进料阀 TC1466。

（3）全开闪蒸器回流阀 PV1426。

①PIC1426 打到手动;②全开闪蒸器回流阀 PV1426。

（4）逐渐关闭乙炔进料阀 FV1425。

①FIC1425 打到手动;②逐渐关闭乙炔进料阀 FV1425;③关闭 VV1425;④关闭 VV1426。

（5）降至常温常压。

①闪蒸器温度:TW1426 降到常温;

②反应器压力:P424A 降至常压;

③反应器温度:TI1467A 降至常温。

6. 反应器超温

原因:闪蒸罐通向反应器的管路有堵塞。

现象:反应器温度超高,会引发乙烯聚合的副反应。

处理:开大阀 KXV1430,增加 EH-429 冷却水的量

思考题

1. 结合本单元说明比例控制的工作原理。

2. 为什么是根据乙炔的进料量调节配氢气的量,而不是根据氢气的量调节乙炔的进料量?

3. 根据本单元实际情况,说明反应器冷却剂的自循环原理。

4. 观察在 EH-429 冷却器的冷却水中断后会造成的结果。

5. 结合本单元实际,理解"联锁"和"联锁复位"的概念。

项目二 管式加热炉操作实训

一、工艺流程说明

1. 工艺流程简述

本单元选择的是石油化工生产中最常用的管式加热炉。管式加热炉是一种直接受热式加热设备,主要用于加热液体或气体化工原料,所用燃料通常有燃料油和燃料气。管式加热炉的传热方式以辐射传热为主,管式加热炉通常由以下几部分构成。

辐射室:通过火焰或高温烟气进行辐射传热的部分。这部分直接受火焰冲刷,温度很高(600~1 600℃),是热交换的主要场所(约占热负荷的70%~80%)。

对流室:靠辐射室出来的烟气进行以对流传热为主的换热部分。

燃烧器:是使燃料雾化并混合空气,使之燃烧的产热设备,燃烧器可分为燃料油燃烧器,燃料气燃烧器和油—气联合燃烧器。

通风系统:将燃烧用空气引入燃烧器,并将烟气引出炉子,可分为自然通风方式和强制通风方式。

(1)工艺物料系统。

某烃类化工原料在流量调节器 FIC101 的控制下先进入加热炉 F-101 的对流段,经对流的加热升温后,再进入 F-101 的辐射段,被加热至420℃后,送至下一工序,其炉出口温度由调节器 TIC106 通过调节燃料气流量或燃料油压力来控制。

采暖水在调节器 FIC102 控制下,经与 F-101 的烟气换热,回收余热后,返回采暖水系统。

(2)燃料系统。

燃料气管网的燃料气在调节器 PIC101 的控制下进入燃料气罐 V-105,燃料气在 V-105 中脱油脱水后,分两路送入加热炉,一路在 PCV01 控制下送入常明线;一路在 TV106 调节阀控制下送入油—气联合燃烧器。

来自燃料油罐 V - 108 的燃料油经 P101A/B 升压后,在 PIC109 控制压送至燃烧器火咀前,用于维持火咀前的油压,多余燃料油返回 V - 108。来自管网的雾化蒸汽在 PDIC112 的控制压与燃料油保持一定压差情况下送入燃料器。来自管网的吹热蒸汽直接进入炉膛底部。

2. 复杂控制方案说明

炉出口温度控制:

TIC106 工艺物流炉出口温度,TIC106 通过一个切换开关 HS101。实现两种控制方案:其一是直接控制燃料气流量,其二是与燃料压力调节器 PIC109 构成串级控制。当第一种方案时:燃料油的流量固定,不做调节,通过 TIC106 自动调节燃料气流量控制工艺物流炉出口温度;当第二种方案时:燃料气流量固定,TIC106 和燃料压力调节器 PIC109 构成串级控制回路,控制工艺物流炉出口温度。

3. 复杂控制系统和联锁系统说明

(1)炉出口温度控制。

TIC106 工艺物流炉出口温度 TIC106 通过一个切换开关 HS101。实现两种控制方案:其一是直接控制燃料气流量,其二是与燃料压力调节器 PIC109 构成串级控制。

(2)炉出口温度联锁。

①联锁源:工艺物料进料量过低(FIC101 <正常值的50%);雾化蒸汽压力过低(低于7 atm)。

②联锁动作关闭燃料气入炉电磁阀 S01;关闭燃料油入炉电磁阀 S02;打开燃料油返回电磁阀 S03。

管式加热炉 DCS 界面图见图 1 - 31,管式加热炉现场图见图 1 - 32。

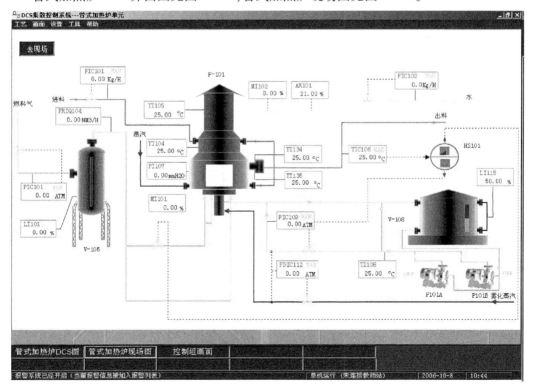

图 1 - 31 管式加热炉 DCS 界面

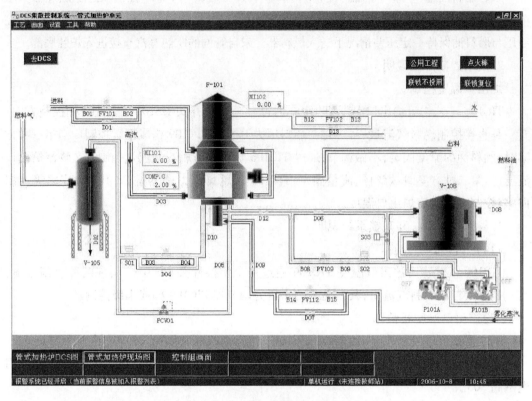

图 1-32 管式加热炉现场界面

二、主要设备、仪器

1. 主要设备

主要设备见表 1-25。

表 1-25 主要设备

设备位号	设备名称	设备位号	设备名称
V-105	燃料气分液罐	P-101A	燃料油 A 泵
V-108	燃料油贮罐	P-101B	燃料油 B 泵
F-101	管式加热炉		

2. 主要仪表

主要仪表见表 1-26。

表 1-26 主要仪表

位号	说明	类型	正常值	量程上限	量程下限	工程单位	高报	低报	高高报	低低报
AR101	烟气氧含量	AI	4.0	21.0	0.0	%	7.0	1.5	10.0	1.0
FIC101	物料进料量	PID	3 072.5	6 000.0	0.0	kg/h	4 000.0	1 500.0	5 000.0	1 000.0
FIC102	采暖水进料量	PID	9 584.0	20 000.0	0.0	kg/h	15 000.0	5 000.0	18 000.0	1 000.0
LI101	V105 液位	AI	40~60.0	100.0	0.0	%				
LI115	V108 液位	AI	40~60.0	100.0	0.0	%				
PIC101	V105 压力	PID	2.0	4.0	0.0	atm(G)	3.0	1.0	3.5	0.5
PI107	烟膛负压	AI	-2.0	10.0	-10.0	mmH₂O	0.0	-4.0	4.0	-8.0
PIC109	燃料油压力	PID	6.0	10.0	0.0	atm(G)	7.0	5.0	9.0	3.0
PDIC112	雾化蒸汽压差	PID	4.0	10.0	0.0	atm(G)	7.0	2.0	8.0	1.0
TI104	炉膛温度	AI	640.0	1 000.0	0.0	℃	700.0	600.0	750.0	400.0
TI105	烟气温度	AI	210.0	400.0	0.0	℃	250.0	100.0	300.0	50.0
TIC106	工艺物料炉	PID	420.0	800.0	0.0	℃	430.0	410.0	460.0	370.0
TI108	燃料油温度	AI		100.0	0.0	℃				
TI134	炉出口温度	AI		800.0	0.0	℃	430.0	400.0	450.0	370.0
TI135	炉出品温度	AI		800.0	0.0	℃	430.0	400.0	450.0	370.0
HS101	切换开关	SW		0						
MI101	风门开度	AI		100.0	0.0	%				
MI102	挡板开度	AI		100.0	0.0	%				
TT106	TIC106 的输入	AI	420.0	800.0	0.0	℃	430.0	400	450.0	370.0
PT109	PIC109 的输入	AI	6.0	10.0	0.0	atm	7.0	5.0	9.0	3.0
FT101	FIC101 的输入	AI	3 072.5	6 000.0	0.0	kg/h	4 000.0	1 500.0	5 000.0	500.0
FT102	FIC102 的输入	AI	9 584.0	20 000.0	0.0	kg/h	11 000.0	5 000.0	15 000.0	1 000.0
PT101	PIC101 的输入	AI	2.0	4.0	0.0	atm	3.0	1.5	3.5	1.0
PT112	PDIC112 的输入	AI	4.0	10.0	0.0	atm	300.0	150.0	350.0	100.0
FRIQ104	燃料气的流量	AI	209.8	400.0	0.0	Nm³/h	0.0	-4.0	4.0	-8.0
COMPG	炉膛内可燃气体的含量	AI	0.00	100.0	0.0	%	0.5	0.0	2.0	0.0

任务一 冷态开车

装置的开车状态为氨置换的常温常压氨封状态。

1. 开车前的准备

(1) 公用工程启用(现场图"UTILITY"按钮置"ON")。

(2) 摘除联锁(现场图"BYPASS"按钮置"ON")。

(3)联锁复位(现场图"RESET"按钮置"ON")。

2. 点火准备工作

(1)全开加热炉的烟道挡板 MI102。

(2)打开吹扫蒸汽阀 D03,吹扫炉膛内的可燃气体(实际约需 10 min)。

(3)待可燃气体的含量低于 0.5% 后,关闭吹扫蒸汽阀 D03。

(4)将 MI101 调节至 30%。

(5)调节 MI102 在一定的开度(30% 左右)。

3. 燃料气准备

(1)手动打开 PIC101 的调节阀,向 V-105 充燃料气。

(2)控制 V105 的压力不超过 2 atm,在 2 atm 处将 PIC101 投自动。

4. 点火操作

(1)当 V105 压力大于 0.5 atm 后,启动点火棒("IGNITION"按钮置"ON"),开常明线上的根部阀门 D05。

(2)确认点火成功(火焰显示)。

(3)若点火不成功,需重新进行吹扫和再点火。

5. 升温操作

(1)确认点火成功后,先进燃料气线上的调节阀的前后阀(B03、B04),再稍开调节阀(<10%)(TIC106),再全开根部阀 D10,引燃料气入加热炉火咀。

(2)用调节阀 TIC106 控制燃料气量,来控制升温速度。

(3)当炉膛温度升至 100℃ 时恒温 30s(实际生产恒温 1h)烘炉,当炉膛温度升至 180℃ 时恒温 30s(实际生产恒温 1h)暖炉。

6. 引工艺物料

当炉膛温度升至 180℃ 后,引工艺物料:

(1)先开进料调节阀的前后阀 B01、B02,再稍开调节阀 FIC101(<10%)。引进工艺物料进加热炉。

(2)先开采暖水线上调节阀的前后阀 B13、B12,再稍开调节阀 FIC102(<10%),引采暖水进加热炉。

7. 启动燃料油系统

待炉膛温度升至 200℃ 左右时,开启燃料油系统:

(1)开雾化蒸汽调节阀的前后阀 B15、B14,再微开调节阀 PDIC112(<10%)。

(2)全开雾化蒸汽的根部阀 D09。

(3)开燃料油返回 V108 管线阀 D06。

(4)启动燃料油泵 P101A。

(5)开燃料油压力调节阀 PIC109 的前后阀 B09、B08。

(6)微开燃料油调节阀 PIC109(<10%),建立燃料油循环。

(7)全开燃料油根部阀,引燃料油入火嘴。

(8)打开 V108 进料阀 D08,保持贮罐液位为 50%。

（9）按升温需要逐步开大燃料油调节阀，通过控制燃料油升压（最后到 6 atm 左右）来控制进入火咀的燃料油量，同时控制 PDIC112 在 4atm 左右。

（10）当压力稳定后将 PIC109 投自动。

（11）当压力稳定后将 PDIC112 投自动。

8. 调整至正常

（1）调节 TV106，逐步升温使 TIC106 温度控制在 420℃左右。

（2）调节 TV106，逐步升温，使炉膛温度控制在 640℃左右。

（3）在升温过程中，逐步调节风门开度使烟气氧含量为 4%左右

（4）在升温过程中，调节 MI102 使炉膛负压为 −2.0 mmH$_2$O 左右

（5）烟道气出口温度。

（6）将联锁系统投用（"INTERLOCK"按钮置"ON"）。

任务二　正 常 运 行

1. 正常工况下主要工艺参数

（1）炉出口温度 TIC106：420 ℃。

（2）炉膛温度 TI104：640 ℃。

（3）烟道气温度 TI105：210 ℃。

（4）烟道氧含量 AR101：4%。

（5）炉膛负压 PI107：−2.0 mmH$_2$O。

（6）工艺物料量 FIC101：3 072.5 kg/h。

（7）采暖水流量 FIC102：9 584 kg/h。

（8）V−105 压力 PIC101：2 atm。

（9）燃料油压力 PIC109：6 atm。

（10）雾化蒸汽压差 PDIC112：4 atm。

2. TIC106 控制方案切换

工艺物料的炉出口温度 TIC106 可以通过燃料气和燃料油两种方式进行控制。两种方式的切换由 HS101 切换开关来完成。当 HS100 切入燃料气控制时，TIC106 直接控制燃料气调节阀，燃料油由 PIC109 单回路自行控制；当 HS101 切入燃料油控制时，TIC106 与 PIC109 结成串级控制，通过燃料油压力控制燃料油燃烧量。

任务三　正 常 停 车

1. 停车准备

摘除联锁系统（现场图上按下"联锁不投用"）。

2. 降量

（1）通过 FIC101 逐步降低工艺物料进料量至正常的 70%。

（2）同时逐步降低 PIC109 或 TIC106 开度使 TIC106 约为 420DEC。

（3）在 FIC101 降量过程中,逐步降低采暖水 FIC102 的流量,关小 FV102（＜35％）。

（4）原料炉的出口温度。

3. 降温及停燃料油系统

（1）在降低油压的同时,逐步关闭雾化蒸汽调节阀 PDIC112。

（2）关闭雾化蒸汽调节阀 PDIC112 的前手阀 B15。

（3）关闭雾化蒸汽调节阀 PDIC112 的后手阀 B14。

（4）逐步关闭燃料油调节阀 PIC109。

（5）关闭燃料油调节阀 PIC109 的后手阀 B08。

（6）待 PIC109 全关后,关闭燃料油泵 P101A/B。

4. 停燃料气及工艺物料

（1）停燃料油系统后,关闭燃料气入口调节阀 PIC101。

（2）待 V－105 罐压力低于 0.2 atm 后,关闭燃料气调节阀 TIC106。

（3）关闭燃料气调节阀 TIC106 的前手阀 B03。

（4）关闭燃料气调节阀 TIC106 的后手阀 B04。

（5）待 V－105 罐压力低于 0.1 时,关闭燃料气常明线根部阀 D05。

（6）待炉膛温度低于 150DEC 后,关闭 FIC101。

（7）关闭工艺物料进料调节阀 FIC101 的前手阀 B01。

（8）关闭工艺物料进料调节阀 FIC101 的后手阀 B02。

（9）待炉膛温度低于 150DEC 后,关闭 FIC102。

（10）关闭采暖水调节阀 FIC102 的前手阀 B13。

（11）关闭采暖水调节阀 FIC102 的后手阀 B12。

5. 炉膛吹扫

（1）灭火后,打开 D03 吹扫炉膛 5 s。

（2）关闭 D03 后,全开风门,烟道挡板开度,使炉膛正常通风。

（3）关闭 D03 后,全开风门 MI101。

（4）全开烟道挡板。

任务四 事故处理

1. 燃料油火嘴堵

事故现象:（1）燃料油泵出口压控阀压力忽大忽小;（2）燃料气流量急骤增大。

处理方法:紧急停车。

（1）停车准备,摘除联锁系统（现场图上按下"联锁不投用"）。

（2）降量。

①通过 FIC101 逐步降低工艺物料进料量至正常的 70％;

②同时逐步降低 PIC109 或 TIC106 开度使 TIC106 约为 420DEC;

③在 FIC101 降量过程中,逐步降低采暖水 FIC102 的流量,关小 FV102(＜35％);

④原料炉的出口温度。

（3）降温及停燃料油系统。

①在降低油压的同时,逐步关闭雾化蒸汽调节阀 PDIC112;

②关闭雾化蒸汽调节阀 PDIC112 的前手阀 B15;

③关闭雾化蒸汽调节阀 PDIC112 的后手阀 B14;

④逐步关闭燃料油调节阀 PIC109;

⑤关闭燃料油调节阀 PIC109 的后手阀 B08;

⑥待 PIC109 全关后,关闭燃料油泵 P101A/B。

（4）停燃料气及工艺物料。

①停燃料油系统后,关闭燃料气入口调节阀 PIC101;

②待 V105 罐压力低于 0.2 atm 后,关闭燃料气调节阀 TIC106;

③关闭燃料气调节阀 TIC106 的前手阀 B03;

④关闭燃料气调节阀 TIC106 的后手阀 B04;

⑤待 V105 罐压力低于 0.1 时,关闭燃料气常明线根部阀 D05;

⑥待炉膛温度低于 150DEC 后,关闭 FIC101;

⑦关闭工艺物料进料调节阀 FIC101 的前手阀 B01;

⑧关闭工艺物料进料调节阀 FIC101 的后手阀 B02;

⑨待炉膛温度低于 150DEC 后,关闭 FIC102;

⑩关闭采暖水调节阀 FIC102 的前后手阀 B13、B12。

（5）炉膛吹扫。

①灭火后,打开 D03 吹扫炉膛 5 s;

②关闭 D03 后,全开风门,烟道挡板开度,使炉膛正常通风;

③关闭 D03 后,全开风门 MI101;

④全开烟道挡板。

2.燃料气压力低

事故现象:

（1）炉膛温度下降。

（2）炉出口温度下降。

（3）燃料气分液罐压力降低。

处理方法:

（1）改为烧燃料油控制,开大燃料油调节阀 PIC109。

（2）通知指导教师联系调度处理。

3.炉管破裂

事故现象:

（1）炉膛温度急骤升高。

（2）炉出口温度升高。

（3）燃料气控制阀关阀。

处理方法:炉管破裂的紧急停车。

（1）停车准备,摘除联锁系统(现场图上按下"联锁不投用")。

（2）降量。

①通过 FIC10 逐步降低工艺物料进料量至正常的 70%;

② 同时逐步降低 PIC109 或 TIC106 开度使 TIC106 约为 420DEC;

③在 FIC101 降量过程中,逐步降低采暖水 FIC102 的流量,关小 FV102(<35%);

④原料炉的出口温度。

（3）降温及停燃料油系统。

① 在降低油压的同时,逐步关闭雾化蒸汽调节阀 PDIC112;

②关闭雾化蒸汽调节阀 PDIC112 的前手阀 B15;

③关闭雾化蒸汽调节阀 PDIC112 的后手阀 B14;

④逐步关闭燃料油调节阀 PIC109;

⑤关闭燃料油调节阀 PIC109 的后手阀 B08;

⑥待 PIC109 全关后,关闭燃料油泵 P101A/B。

（4）停燃料气及工艺物料。

①停燃料油系统后,关闭燃料气入口调节阀 PIC101;

②待 V105 罐压力低于 0.2 atm 后,关闭燃料气调节阀 TIC106;

③关闭燃料气调节阀 TIC106 的前手阀 B03;

④关闭燃料气调节阀 TIC106 的后手阀 B04;

⑤待 V105 罐压力低于 0.1 时,关闭燃料气常明线根部阀 D05;

⑥待炉膛温度低于 150DEC 后,关闭 FIC101;

⑦关闭工艺物料进料调节阀 FIC101 的前手阀 B01;

⑧关闭工艺物料进料调节阀 FIC101 的后手阀 B02;

⑨待炉膛温度低于 150DEC 后,关闭 FIC102;

⑩关闭采暖水调节阀 FIC102 的前后手阀 B13、B12。

（5）炉膛吹扫。

①灭火后,打开 D03 吹扫炉膛 5 s;

②关闭 D03 后,全开风门,烟道挡板开度,使炉膛正常通风;

③关闭 D03 后,全开风门 MI101;

④全开烟道挡板。

4.燃料气调节阀卡

事故现象:(1)调节器信号变化时燃料气流量不发生变化;(2)炉出口温度下降。

处理方法:

（1）改现场旁路手动控制:①调节 TIC106 阀的旁路阀;②将 TIC106 设为手动模式;③关闭 TIC106;④关闭 TIC106 前手阀 B03;⑤关闭 TIC106 后手阀 B04 。

（2）通知指导老师联系仪表人员进行修理。

5．燃料气带液

事故现象:(1)炉膛和炉出口温度先下降;(2)燃料气流量增加;(3)燃料气分液罐液位升高。

处理方法:

(1)关燃料气控制阀。

(2)改由烧燃料油控制:①打开泄液阀 D02,使 V－105 罐泄液;②增大燃料气入炉量。

(3)通知教师联系调度处理。

6．燃料油带水

事故现象:燃料气流量增加。

处理方法:

(1)关燃料油根部阀和雾化蒸汽。

(2)改由烧燃料气控制:开大燃料气入炉调节阀,使炉出口温度稳定。

(3)通知指导教师联系调度处理。

7．雾化蒸汽压力低

事故现象:(1)产生联锁;(2)PIC109 控制失灵;(3)炉膛温度下降。

处理方法:

(1)关燃料油根部阀和雾化蒸汽。

(2)直接用温度控制调节器控制炉温;调节燃料气调节阀 TIC106,使炉膛温度正常。

(3)通知指导教师联系调度处理。

8．燃料油泵 A 停

事故现象:(1)炉膛温度急剧下降;(2)燃料气控制阀开度增加。

处理方法:(1)启动备用泵 P101B;(2)调节燃料气控制阀的开度。

思考题

1．什么叫工业炉?按热源可分为几类?

2．油气混合燃烧炉的主要结构是什么?开/停车时应注意哪些问题?

3．加热炉在点火前为什么要对炉膛进行蒸汽吹扫?

4．加热炉点火时为什么要先点燃点火棒,再依次开长明线阀和燃料气阀?

5．在点火失败后,应做些什么工作,为什么?

6．加热炉在升温过程中为什么要烘炉?升温速度应如何控制?

7．加热炉在升温过程中,什么时候引入工艺物料,为什么?

8．在点燃燃油火嘴时应做哪些准备工作?

9．雾化蒸气量过大或过小,对燃烧有什么影响?应如何处理?

10．烟道气出口氧气含量为什么要保持在一定范围?过高或过低意味着什么?

11．加热过程中风门和烟道挡板的开度大小对炉膛负压和烟道气出口氧气含量有什么影响?

12．本流程中三个电磁阀的作用是什么?在开/停车时应如何操作?

项目三　流化床反应器单元仿真

一、工艺流程说明

1. 工艺说明

该流化床反应器取材于 HIMONT 工艺本体聚合装置,用于生产高抗冲击共聚物。具有剩余活性的干均聚物(聚丙烯),在压差作用下自闪蒸罐 D−301 流到该气相共聚反应器 R−401。

在气体分析仪的控制下,氢气被加到乙烯进料管道中,以改进聚合物的本征黏度,满足加工需要。

聚合物从顶部进入流化床反应器,落在流化床的床层上。流化气体(反应单体)通过一个特殊设计的栅板进入反应器。由反应器底部出口管路上的控制阀来维持聚合物的料位。聚合物料位决定了停留时间,从而决定了聚合反应的程度,为了避免过度聚合的鳞片状产物堆积在反应器壁上,反应器内配置一转速较慢的刮刀,以使反应器壁保持干净。

栅板下部夹带的聚合物细末,用一台小型旋风分离器 S401 除去,并送到下游的袋式过滤器中。

所有未反应的单体循环返回到流化压缩机的吸入口。

来自乙烯汽提塔顶部的回收气相与气相反应器出口的循环单体汇合,而补充的氢气,乙烯和丙烯加入到压缩机排出口。

循环气体用工业色谱仪进行分析,调节氢气和丙烯的补充量。

然后调节补充的丙烯进料量以保证反应器的进料气体满足工艺要求的组成。

用脱盐水作为冷却介质,用一台立式列管式换热器将聚合反应热撤出。该热交换器位于循环气体压缩机之前。

共聚物的反应压力约为 1.4 MPa(表),70℃,注意,该系统压力位于闪蒸罐压力和袋式过滤器压力之间,从而在整个聚合物管路中形成一定压力梯度,以避免容器间物料的返混并使聚合物向前流动。

2. 参数说明

AI40111:反应产物中 H_2 的含量。

AI40121:反应产物中 C_2H_4 的含量。

AI40131:反应产物中 C_2H_6 的含量。

AI40141:反应产物中 C_3H_6 的含量。

AI40151:反应产物中 C_3H_8 的含量。

流化床 DCS 图见图 1−33,流化床现场图见图 1−34。

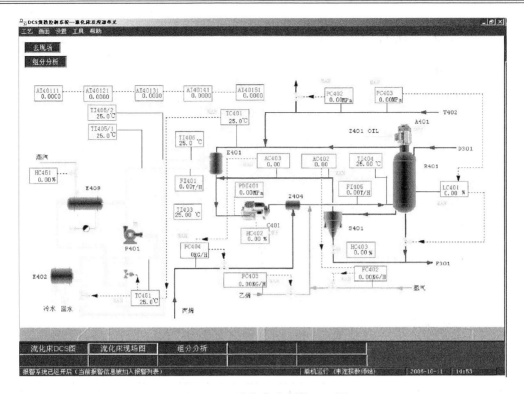

图 1 - 33 流化床反应器 DCS 图

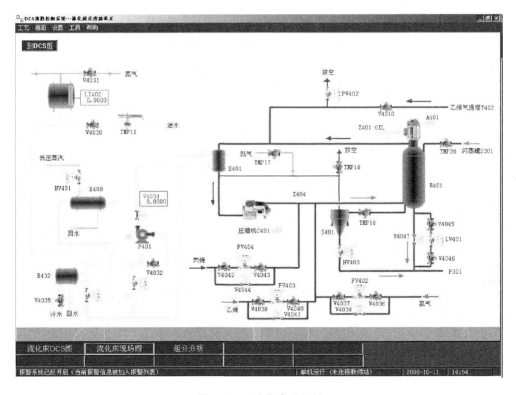

图 1 - 34 流化床现场图

二、主要设备、仪表

1. 主要设备

主要设备见表 1-27。

表 1-27　主要设备

设备位号	设备名称	设备位号	设备名称
A401	R401 的刮刀	P401	开车加热泵
C401	R401 循环压缩机	R401	共聚反应器
E401	R401 气体冷却器	S401	R401 旋风分离器
E409	夹套水加热器		

2. 主要仪表

主要仪表见表 1-28。

表 1-28　主要仪表

位号	说明	类型	正常值	量程高限	低限	工程单位	高报	低报	高高报	低低报
FC402	氢气进料流量	PID	0.35	5.0	0.0	kg/h				
FC403	乙烯进料流量	PID	567.0	1 000.0	0.0	kg/h				
FC404	丙烯进料流量	PID	400.0	1 000.0	0.0	kg/h				
PC402	R-401 压力	PID	1.40	3.0	0.0	MPa				
PC403	R-401 压力	PID	1.35	3.0	0.0	MPa				
LC401	R-401 液位	PID	60.0	100.0	0.0	%				
TC401	R-401 循环气温度	PID	70.0	150.0	0.0	℃				
FI401	E-401 循环水流量	AI	36.0	80.0	0.0	t/h				
FI405	R-401 气相进料流量	AI	120.0	250.0	0.0	t/h				
TI402	循环气 E-401 入口温度	AI	70.0	150.0	0.0	℃				
TI403	E-401 出口温度	AI	65.0	150.0	0.0	℃				
TI404	R-401 入口温度	AI	75.0	150.0	0.0	℃				
TI405/1	E-401 入口水温度	AI	60.0	150.0	0.0	℃				
TI405/2	E-401 出口水温度	AI	70.0	150.0	0.0	℃				
TI406	E-401 出口水温度	AI	70.0	150.0	0.0	℃				

任务一 冷态开车

1. 开车准备

准备工作包括:系统中用氮气充压,循环加热氮气,随后用乙烯对系统进行置换(按照实际正常的操作,用乙烯置换系统要进行两次,考虑到时间关系,只进行一次)。这一过程完成之后,系统将准备开始单体开车。

2. 系统氮气充压加热

(1)充氮:打开充氮阀 TMP17,用氮气给反应器系统充压,当系统压力达 0.1 MPa(表)时,关闭充氮阀。

(2)当氮充压至 0.1 MPa(表)时,按照正确的操作规程,启动 C401 共聚循环气体压缩机,将导流叶片(HC402)定在 40%

(3)环管充液:启动压缩机后,开进水阀 V4030,给水罐充液,开氮封阀 V4031。

(4)当水罐液位大于 10% 时,开泵入口阀 V4032,启动泵 P401,调节泵出口阀 V4034 至 60% 开度。

(5)冷却水循环流量 FI401 达到 56 t/h 左右。打开反应器至旋分器阀 TMP16。

(6)手动开低压蒸汽阀 HC451,启动换热器 E-409。

(7)打开循环水阀 V4035。

(8)当循环氮气温度 TC401 达到 70℃ 时,TC451 投自动,调节其设定值,维持氮气温度 TC451 在 68℃ 左右。

3. 氮气循环

(1)当反应系统压力达 0.7 MPa 时,关充氮阀 TMP17。

(2)在不停压缩机的情况下,用 PC402 排放。用放空阀 TMP18 排放,等待压力放空。

(3)在充氮泄压操作中,不断调节 TC451 设定值,维持 TC401 温度在 70℃ 左右。

4. 乙烯充压

(1)关闭排放阀 PV402。

(2)关闭排放阀 TMP18。

(3)打开 PV403 前阀 V4039。

(4)打开 PV403 后阀 V4040。

(5)由 PC403 开始乙烯进料。

(6)乙烯进料量达到 567 kg/h 时,PC403 投自动,设定在 567 kg/h。

(7)乙烯进料,等到压力至 0.25 MPa。

(8)调节 TC451,是反应器气相出口温度 TC401,维持在 70℃。

任务二　干态开车

1. 反应进料

(1)打开 PV402 前阀 V4036。

(2)打开 PV402 后阀 V4037。

(3)将氢气的进料阀 FV402 设定为自动。

(4)PC402 设定为 0.102 kg/h。

(5)打开 FV404 前阀 V4042。

(6)打开 FV404 后阀 V4043。

(7)当系统压力升至 0.5 MPa 时,将丙烯进料阀 Fv404 置为自动,将 PC404 设定为 400 kg/h。

(8)打开自乙烯汽提塔来的进料阀 V4010。

(9)当系统压力升至 0.8 MPa 时,打开旋风分离器 S - 401 底部阀 HC403 至 20%。

(10)调节 TC451,使反应器气相出口温度 TC401,维持在 70℃。

2. 准备接收 D301 来的均聚物

(1)再次加入丙烯,将 PV404 改为手动,调节 FV404 为 85%。

(2)调节 HC403 开度至 25%。

(3)启动共聚反应器的刮刀。

(4)调节 TC451,使反应器气相出口温度 TC401,维持在 70℃。

3. 共聚反应物的开车

(1)当系统压力升至 1.2 MPa(表)时,打开 HV403 开度在 40%,以维持流态化。

(2)打开 LV401 前阀 V4045。

(3)打开 LV401 后阀 V4046。

(4)打开 LV401 在 20%~25%,以维持流态化。

(5)打开来自 D - 301 的聚合物进料阀 TMP20。

(6)停低压加热蒸气,关闭 HV451。

(7)调节 TC451,使反应器气相出口温度 TC401,维持温度在 70℃。

4. 稳定状态的过渡

(1)随着 R401 料位的增加,系统温度将升高,及时降低 TC451 的设定值,不断取走反应热,维持 TC401 温度在 70℃左右。

(2)调节反应系统压力在 1.35 MPa(表)时,PC402 调自动。将 PC402 设定值置为 1.35 MPa。

(3)手动开启 LV401 至 30%,让共聚物稳定地流过此阀。

(4)当液位达到 60%时,将 LC401 设置投自动。将 LC401 设定值置为 60。

(5)随系统压力的增加,料位将缓慢下降,PC402 调节阀自动开大,为了维持系统压力在 1.35 MPa,缓慢提高 PC402 的设定值至 1.40 MPa(表)。

(6)将 TC401 置为自动模式。

（7）将 TC401 值置为 70 度。

（8）将 TC401 与 TC451 置为串级控制。

（9）将 PC403 置为自动模式

（10）将 PC403 值置为 1.35 MPa

（11）压力与组成趋于稳定时,将 LC401 和 PC403 投串级。

（12）将 AC403 置为自动模式。

（13）PC404 和 AC403 串级联结。

（14）将 AC402 置为自动模式。

（15）PC402 和 AC402 串级联结。

任务三　正常运行

正常工况下的工艺参数:

（1）FC402:调节氢气进料量(与 AC402 串级)正常值:0.35 kg/h。

（2）FC403:单回路调节乙烯进料量正常值:567.0 kg/h。

（3）FC404:调节丙烯进料量(与 AC403 串级)正常值:400.0 kg/h。

（4）PC402:单回路调节系统压力正常值:1.4 MPa。

（5）PC403:主回路调节系统压力正常值:1.35 MPa。

（6）LC401:反应器料位(与 PC403 串级)正常值:60%。

（7）TC401:主回路调节循环气体温度正常值:70℃。

（8）TC451:分程调节取走反应热量(与 TC401 串级)正常值:50℃。

（9）AC402:主回路调节反应产物中 H_2/C_2 之比正常值:0.18。

（10）AC403:主回路调节反应产物中 $C_2/C_3 \& C_2$ 之比正常值:0.38。

任务四　正常停车

1.降反应器料位

（1）关闭 D301 活性聚丙烯的来料阀 TMP20。

（2）手动缓慢调节反应器料位。(调 LV401)。

（3）反应器料位小于 10。

2.关闭乙烯进料,保压

（1）当反应器料位降至 10%,关乙烯进料阀 FV403。

（2）关闭 FV403 前阀 V4039。

（3）关闭 FV403 后阀 V4040。

（4）当反应器料位降至 0%,关反应器出口阀 LV401。

（5）关闭 LV401 前阀 V4045。

（6）关闭 LV401 后阀 V4046。

（7）关旋风分离器 S－401 上的出口阀 HC403。

3．关丙烯及氢气进料

（1）手动切断丙烯进料阀 FV404。

（2）关闭 FV404 前阀 V4042。

（3）关闭 FV404 后阀 V4043。

（4）手动切断氢气进料阀 FV402。

（5）关闭 FV402 前阀 V4036。

（6）关闭 FV402 后阀 V4037。

（7）PV402 开度 ＞80，排放导压至火炬。

（8）压力卸掉，关闭 PV402。

（9）停反应器刮刀 A401。

4．氮气吹扫

（1）打开 TMP17，将氮气加入该系统。

（2）氮气加入该系统压力到 0.35，关闭 TMP17。

（3）打开 PV402 放火炬。

（4）停压缩机 C－401。

任务五　事故处理

1．泵 P401 停

原因：运行泵 P401 停。

现象：温度调节器 TC451 急剧上升，然后 TC401 随之升高。

处理：

（1）将 FC404 改为手动。

（2）调节丙烯进料阀 FV404，增加丙烯进料量。

（3）调节压力调节器 PC402，维持系统压力。

（4）将 FC403 改为手动。

（5）调节乙烯进料阀 FV403，维持 C_2/C_3 比。

2．压缩机 C－401 停

原因：压缩机 C－401 停。

现象：系统压力急剧上升。

处理：

（1）关闭 D301 活性聚丙烯来料阀 TMP20。

（2）将 PC402 改为手动。

（3）手动调节 PC402，维持系统压力。

（4）将 LC401 改为手动。

（5）手动调节 LC401，维持反应器料位。

3.丙烯进料停

原因:丙烯进料阀卡。

现象:丙烯进料量为0。

处理:

(1)将 FC403 改为手动。

(2)手动关小乙烯进料量,维持 C_2/C_3 比。

(3)关 D301 活性聚丙烯来料阀 TMP20。

(4)将 LC401 改为手动。

(5)手动关小 LC401,维持料位。

4.乙烯进料停

原因:乙烯进料阀卡。

现象:乙烯进料量为0。

处理:

(1)将 FC404 改为手动。

(2)手动关丙烯进料,维持 C_2/C_3 比。

(3)将 FC402 改为手动。

(4)手动关小氢气进料,维持 H_2/C_2 比。

5.D301 供料停

原因:D301 供料阀 TMP20 关。

现象:D301 供料停止。

处理:

(1)将 LC401 改为手动。

(2)手动关闭 LV401。

(3)将 FC404 改为手动。

(4)手动关小丙烯进料。

(5)将 FC403 改为手动。

(6)手动关小乙烯进料。

思考题

1.在开车及运行过程中,为什么一直要保持氮封?

2.熔融指数(MFR)表示什么? 氢气在共聚过程中起什么作用? 试描述 AC402 指示值与 MFR 的关系?

3.气相共聚反应的温度为什么绝对不能偏差所规定的温度?

4.气相共聚反应的停留时间是如何控制的?

5.气相共聚反应器的流态化是如何形成的?

6.冷态开车时,为什么要首先进行系统氮气充压加热?

7.什么叫流化床? 与固定床比有什么特点?

8. 请解释以下概念：共聚、均聚、气相聚合、本体聚合。

9. 请简述本培训单元所选流程的反应机理？

项目四　间歇反应釜实训

一、工艺流程说明

间歇反应在助剂、制药、染料等行业的生产过程中很常见。本工艺过程的产品（2 - 巯基苯并噻唑）就是橡胶制品硫化促进剂 DM（2,2 - 二硫代苯并噻唑）的中间产品，它本身也是硫化促进剂，但活性不如 DM。

全流程的缩合反应包括备料工序和缩合工序。考虑到突出重点，将备料工序略去。则缩合工序共有三种原料，多硫化钠（Na_2S_n）、邻硝基氯苯（$C_6H_4ClNO_2$）及二硫化碳（CS_2）。

主反应如下：

$$2C_6H_4NClO_2 + Na_2S_n \rightarrow C_{12}H_8N_2S_2O_4 + 2NaCl + (n-2)S \downarrow$$

$$C_{12}H_8N_2S_2O_4 + 2CS_2 + 2H_2O + 3Na_2S_n \rightarrow 2C_7H_4NS_2Na + 2H_2S \uparrow + 2Na_2S_2O_3 + (3n-4)S \downarrow$$

副反应如下：

$$C_6H_4NClO_2 + Na_2S_n + H_2O \rightarrow C_6H_6NCl + Na_2S_2O_3 + S \downarrow$$

工艺流程如下：

来自备料工序的 CS_2、$C_6H_4ClNO_2$、Na_2S_n 分别注入计量罐及沉淀罐中，经计量沉淀后利用位差及离心泵压入反应釜中，釜温由夹套中的蒸汽、冷却水及蛇管中的冷却水控制，设有分程控制 TIC101（只控制冷却水），通过控制反应釜温来控制反应速度及副反应速度，来获得较高的收率及确保反应过程安全。

在本工艺流程中，主反应的活化能要比副反应的活化能要高，因此升温后更利于反应收率。在 90℃ 的时候，主反应和副反应的速度比较接近，因此，要尽量延长反应温度在 90℃ 以上时的时间，以获得更多的主反应产物。

间歇反应釜 DCS 图见图 1 - 35，间歇反应现场图见图 1 - 36。

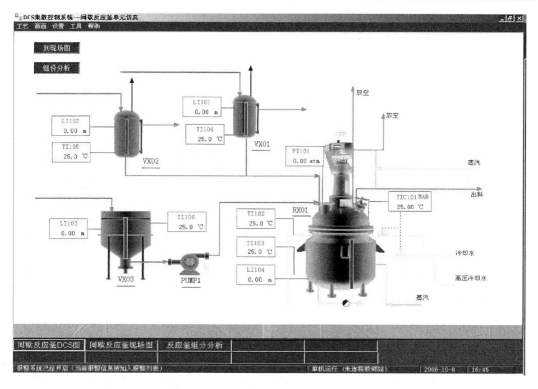

图 1 – 35 间歇反应釜 DCS 图

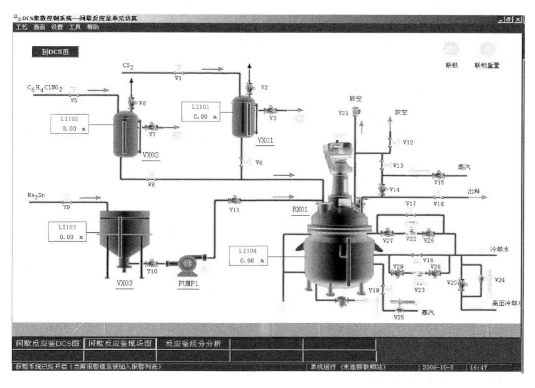

图 1 – 36 间歇反应釜现场界面

二、主要设备、仪表及报警一览表

1. 主要设备

主要设备见表1-29。

表1-29　主要设备

设备位号	设备名称	设备位号	设备名称
R01	间歇反应釜	VX01	CS_2 计量罐
VX02	邻硝基氯苯计量罐	VX03	Na_2S_n 沉淀罐
PUMP1	离心泵		

2. 仪表及报警一览表

仪表及报警一览表见表1-30。

表1-30　仪表及报警一览表

位号	说明	类型	正常值	量程高限	量程低限	工程单位	高报	低报	高高报	低低报
TIC101	反应釜温度控制	PID	115	500	0	℃	128	25	150	10
TI102	反应釜夹套冷却水温度	AI		100	0	℃	80	60	90	20
TI103	反应釜蛇管冷却水温度	AI		100	0	℃	80	60	90	20
TI104	CS_2 计量罐温度	AI		100	0	℃	80	20	90	10
TI105	邻硝基氯苯罐温度	AI		100	0	℃	80	20	90	10
TI106	多硫化钠沉淀罐温度	AI		100	0	℃	80	20	90	10
LI101	CS_2 计量罐液位	AI		1.75	0	m	1.4	0	1.75	0
LI102	邻硝基氯苯罐液位	AI		1.5	0	m	1.2	0	1.5	0
LI103	多硫化钠沉淀罐液位	AI		4	0	m	3.6	0.1	4.0	0
LI104	反应釜液位	AI		3.15	0	m	2.7	0	2.9	0
PI101	反应釜压力	AI		20	0	atm	8	0	12	0

任务一　冷态开车

1. 向计量罐 VX03 进料

开沉淀罐 VX03 进料阀(V9),至3.60 m时关闭V9,静置4 min。

2. 向计量罐 VX01 进料

(1)开 VX01 放空阀门 V2。

(2)开 VX01 溢流阀门 V3。

（3）开 VX01 进料阀 V1。

（4）溢流后,迅速关闭 V1。

3. 向计量罐 VX02 进料

（1）开 VX02 放空阀门 V6。

（2）开 VX02 溢流阀门 V7。

（3）开 VX02 进料阀 V5。

（4）溢流后,迅速关闭 V5。

4. 从 VX03 中向反应器 RX01 中进料

（1）开 RX01 放空阀 V12。

（2）打开泵前阀 V10。

（3）打开进料泵 PUMP1。

（4）打开泵后阀 V11 进料。

（5）进料完毕关泵后阀 V11。

（6）关泵 PUMP1。

（7）关泵前阀 V10。

5. 从 VX01 中向反应器 RX01 中进料

（1）打开进料阀 V4 向 RX01 中进料。

（2）进料完毕后关闭 V4。

6. 从 VX02 中向反应器 RX01 中进料

（1）打开进料阀 V8 向 RX01 中进料。

（2）进料完毕后关闭 V8。

（3）所有进料完毕后,关闭放空阀 V12。

7. 反应初始阶段

（1）打开阀门 V26,V27,V28,V29。

（2）开联锁 LOCK。

（3）开搅拌器。

（4）打开 V19 通加热蒸汽,提高升温速度。

8. 反应阶段

（1）关加热蒸汽。

（2）当温度大于 75 ℃时,打开 TIC101 略大于 50,通冷却水。

（3）TIC101 维持反应温度在 110～128 ℃,如无法维持,打开高压冷却水阀 V20。

（4）2 - 巯基苯并噻唑浓度大于 0.1 mol/L。

（5）邻硝基氯苯浓度小于 0.1 mol/L。

9. 反应结束

当邻硝基氯苯浓度小于 0.1 mol/L 时可认为反应结束,关闭搅拌器 M1。

10. 出料阶段

（1）开放空阀 V12,放可燃气。

（2）开 V12 阀 5~10 s 后关放空阀 V12。

（3）通增压蒸汽，打开阀 V15，V13。

（4）开蒸汽出料预热阀 V14 片刻后关闭 V14。

11. 出料

（1）开出料阀 V16，出料。

（2）出料完毕，保持吹扫 10 s，关闭 V16。

（3）关闭蒸汽阀 V15，V13。

12. 反应过程控制

（1）当温度升至 55~65 ℃左右关闭 V19，停止通蒸汽加热。

（2）当温度升至 70~80 ℃左右时微开 TIC101（冷却水阀 V22、V23），控制升温速度。

（3）当温度升至 110 ℃以上时，是反应剧烈的阶段。应小心加以控制，防止超温。当温度难以控制时，打开高压水阀 V20。并可关闭搅拌器 M1 以使反应降速。当压力过高时，可微开放空阀 V12 以降低气压，但放空会使 CS_2 损失，污染大气。

（4）反应温度大于 128 ℃时，相当于压力超过 8 atm，已处于事故状态，如联锁开关处于"ON"的状态，联锁起动（开高压冷却水阀，关搅拌器，关加热蒸汽阀）。

（5）压力超过 15 atm（相当于温度大于 160 ℃），反应釜安全阀作用。

任务二　热态开车

1. 反应初始阶段

（1）打开阀门 V26，V27，V28，V29。

（2）开联锁 LOCK。

（3）开搅拌器 M1。

（4）打开 V19 通加热蒸汽，提高升温速度。

2. 反应阶段

（1）关加热蒸汽。

（2）当温度在 70~80 ℃的范围时，打开 TIC101 略大于 50，通冷却水。

（3）TIC101 维持反应温度在 110~128 ℃，如无法维持，打开高压冷却水阀 V20。

（4）2－巯基苯并噻唑浓度大于 0.1 mol/L。

（5）邻硝基氯苯浓度小于 0.1 mol/L。

3. 反应结束

（1）当邻硝基氯苯浓度小于 0.1 mol/l 时可认为反应结束，关闭搅拌器 M1。

4. 出料准备

（1）开放空阀 V12，放可燃气。

（2）开 V12 阀 5~10 s 后关放空阀 V12。

（3）通增压蒸汽，打开阀 V15，V13。

（4）开蒸汽出料预热阀 V14。

（5）开蒸汽出料预热阀 V14 片刻后关闭 V14。

5. 出料

（1）开出料阀 V16，出料。

（2）出料完毕，保持吹扫 10 s，关闭 V16。

（3）关闭蒸汽阀 V15，关闭阀门 V13。

6. 主要工艺生产指标的调整方法

（1）温度调节：操作过程中以温度为主要调节对象，以压力为辅助调节对象。升温慢会引起副反应速度大于主反应速度的时间段过长，因而引起反应的产率低。升温快则容易反应失控。

（2）压力调节：压力调节主要是通过调节温度实现的，但在超温的时候可以微开放空阀，使压力降低，以达到安全生产的目的。

（3）收率：由于在 90 ℃ 以下时，副反应速度大于正反应速度，因此在安全的前提下快速升温是收率高的保证。

任务三　正常停车

在冷却水量很小的情况下，反应釜的温度下降仍较快，则说明反应接近尾声，可以进行停车出料操作了。

1. 出料准备

（1）关闭搅拌器 M1。

（2）开放空阀 V12，放可燃气。

（3）开 V12 阀 5 ～ 10 s 后关放空阀 V12。

（4）打开 V15 通增压蒸汽。

（5）打开 V13 通增压蒸汽。

（6）开蒸汽出料预热阀 V14。

（7）开蒸汽出料预热阀片刻后关闭 V14。

2. 出料

（1）开出料阀 V16，出料。出料完毕，保持吹扫 10 s，关闭 V16。

（2）关闭蒸汽阀 V15，V13。

任务四　事故处理

1. 反应釜反应温度超温（压）

原因：反应釜超温（超压）。

现象：温度大于 128 ℃（气压大于 8 atm）。

处理：（1）打开高压冷却水阀 V20。

（2）开大冷却水量至最大。

(3)关闭搅拌器 M1。

2. 搅拌器 M1 停转

原因:搅拌器坏。

现象:反应速度逐渐下降为低值,产物浓度变化缓慢。

处理:

(1)关闭搅拌器 M1。

(2)开放空阀 V12,放可燃气。

(3)开 V12 阀 5～10 s 后关放空阀 V12。

(4)通增压蒸汽,打开阀 V15。

(5)通增压蒸汽,打开阀 V13。

(6)开蒸汽出料预热阀 V14。

(7)开蒸汽出料预热阀 V14 片刻后关闭 V14。

(8)开出料阀 V16,出料。

(9)出料完毕,保持吹扫 10 s,关毕 V16。

(10)关闭蒸汽阀 V15。

(11)关闭阀门 V13。

3. 冷却水阀 V22、V23 卡住(堵塞)

原因:蛇管冷却水阀 V22 卡。

现象:开大冷却水阀对控制反应釜温度无作用,且出口温度稳步上升。

处理:

(1)启用冷却水旁路阀 V17,如果仍不能控制温度,则启用 V18。

(2)启用冷却水旁路阀 V18,如果仍不能控制温度,则启用 V17。

4. 出料管堵塞

原因:出料管硫黄结晶,堵住出料管。

现象:出料时,内气压较高,但釜内液位下降很慢。

处理:

(1)关闭搅拌器 M1。

(2)开空放阀 V12,放可燃气。

(3)开 V12 阀 5～10 s 后关放空阀 V12。

(4)开蒸汽阀 V15。

(5)通增压蒸汽,打开阀 V13。

(6)开出料预热阀 V14 吹扫 5 min 以上。

(7)出料管不再堵塞后,关闭出料预热阀 V14。

(8)开出料阀 V16,出料。

(9)出料完毕,保持吹扫 10 s,关闭 V16。

(10)关闭蒸汽阀 V15。

(11)关闭阀门 V13。

5. 测温电阻连线故障

原因:测温电阻连线断。

现象:温度显示置零。

处理:

邻硝基氯苯浓度小于 0.1 mol/L。

改用压力显示对反应进行调节(调节冷却水用量)。

升温至压力为 0.3 ~ 0.75 atm 就停止加热。

升温至压力为 1.0 ~ 1.6 atm 开始通冷却水。

压力为 3.5 ~ 4 atm 以上为反应剧烈阶段。

反应压力大于 7 atm,相当于温度大于 128 ℃处于故障状态。

反应压力大于 10 atm,反应器联锁起动。

反应压力大于 15 atm,反应器安全阀起动(以上压力为表压)。

第三单元　化工产品生产仿真实训项目

项目一　丙烯酸甲酯生产实训

一、生产原理及工艺特点

在丙烯酸甲醇生产工艺中,丙烯酸与甲醇反应,生成丙烯酸甲酯,磺酸型离子交换树脂被用作催化剂。

1.酯化反应原理

丙烯酸与醇的酯化反应是一种生产有机酯的反应。其反应方程式如下:

$$CH_2=CHCOOH+CH_3OH \Leftrightarrow CH_2=CHCOOCH_3+H_2O$$

这是一个平衡反应,为使反应有向有利于产品生成的方向进行,可采用两种方法:一种方法是用比反应量过量的酸或醇,另一种方法是从反应系统中移除产物。

2.丙烯酸与甲醇的酯化反应

(1)酯化反应器的主反应。

酯化反应器的主反应的化学方程式如下:

$$\overset{H^+(IER)}{CH_2=CHCOOH+CH_3OH \Leftrightarrow CH_2=CHCOOCH_3+H_2O}$$
$$(AA)\quad(MEOH)\qquad(MA)$$

注:IER 指离子交换树脂;AA 为丙烯酸;MA 为丙烯酸甲酯。

(2)酯化反应器的副反应。

$$CH_2=CHCOOH+2CH_3OH \rightarrow (CH_3O)CH_2CH_2COOCH_3+H_2O$$
$$(MPM)$$

$$\overset{H^+(IER)}{2CH_2=CHCOOH+CH_3OH \rightarrow CH2=CHCOOC_2H_4COOCH_3+H_2O}$$
$$(D-M)$$

注:MPM 为 3 - 甲氧基丙酸甲酯;D - M 为 3 - 丙烯酰氧基丙酸甲酯(二聚丙烯酸甲酯)。

$$\overset{H^+(1ER)}{CH_2=CHCOOH+CH_3OH \rightarrow HOC_2H_4COOCH_3}$$
$$(HOPM)$$

注:HOPM(3 - 羟基丙酸甲酯)。

$$H^+(1ER)$$
$$CH_2 = CHCOOH + CH_3OH \rightarrow CH_3OC_2H_4COOH$$
$$MPA$$

注:MPA 为(3 - 甲氧基丙酸)。

$$H^+(1ER)$$
$$2CH_2 = CHCOOH \rightarrow CH_2 = CHCOOC_2H_4COOH$$
$$(D - AA)$$

注:D - AA 为丙烯酰氧基丙酸(二聚丙烯酸)。

其他副产物是由于原料中的杂质的反应而形成的。典型的丙烯酸中的杂质的反应如下:

$$CH_3COOH + R - OH \rightarrow CH_3COOR + H_2O$$
$$C_2H_5COOH + R - OH \rightarrow C_2H_5COOR + H_2O$$

丙烯酸甲酯的酯化反应在固定床反应器内进行,它是一个可逆反应,本工艺采用酸过量使反应向正方向进行。

反应在如下情况下进行:

温度:75℃(MA)

醇/酸摩尔比:0.75(MA)

由于甲酯易于通过蒸馏的方法从丙烯酸中分离出来,从经济性角度,醇的转化率被设在60%~70%的中等程度。未反应的丙烯酸从精制部分被再次循环回反应器后转化为酯。

用于甲酯单元的离子交换树脂的恶化因素有:金属离子的玷污、焦油性物质的覆盖、氧化、不可撤回的溶胀等。因此,如果催化剂有意被长期使用,这些因素应引起注意。被金属铁离子玷污导致的不可撤回的溶胀应特别注意。

3 丙烯酸回收

丙烯酸回收是利用丙烯酸分馏塔精馏的原理,轻的甲酯、甲醇和水从塔顶蒸出,重的丙烯酸从塔底排出来。

4.醇萃取及回收

醇萃取塔利用醇易溶于水的物性,用水将甲酯从主物流中萃取出来,同时萃取液夹带了一些甲酯,再经过醇回收塔,经过精馏,大部分水从塔底排出,甲醇和甲酯从塔顶蒸出,返回反应器循环使用。

5.醇拔头

醇拔头塔为精馏塔,利用精馏的原理,将主物流中少部分的醇从塔顶蒸出,含有甲酯和少部分重组分的物流从塔底排出,并进一步分离。

6.酯精制

酯精制塔为精馏塔,利用精馏的原理,将主物流从塔顶蒸出,塔底部分重组分返回丙烯酸分馏塔重新回收。

二、生产流程

1.丙烯酸甲酯生产总流程

丙烯酸甲酯生产总流程见图 1 - 37。

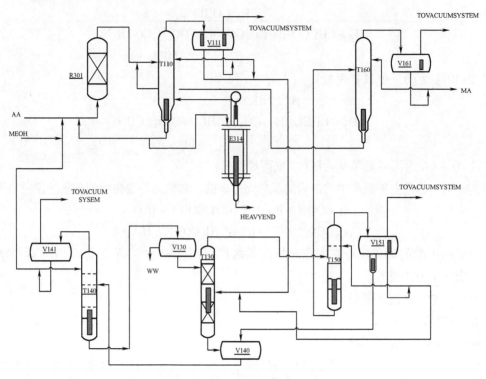

图 1 - 37 丙烯酸甲酯生产总流程

2. 丙烯酸甲酯生产流程框图

丙烯酸甲酯生产流程框图见图 1 - 38。

3. 丙烯酸甲酯生产流程叙述

(1)加料反应。从罐区来的新鲜的丙烯酸和甲醇与从醇回收塔(T140)顶回收的循环的甲醇以及从丙烯酸分馏塔(T110)底回收的经过循环过滤器(FL101)的部分丙烯酸作为混合进料,经过反应预热器(E101)预热到指定温度后送至 R101(酯化反应器)进行反应。为了使平衡反应向产品方向移动,同时降低醇回收时的能量消耗,进入 R101 的丙烯酸克分子数过量。

(2)分馏工艺。从 R101 排出的产品物料送至 T110(丙烯酸分馏塔)。在该塔内,粗丙烯酸甲酯、水、甲醇作为一种均相共沸混合物从塔顶回收,作为主物流进一步提纯,经过 E112 冷却进入 V111(T110 回流罐),在此罐中分为油相和水相,油相由 P111A/B 抽出,一路作为 T110 塔顶回流,另一路和由 P112A/B 抽出的水相一起作为 T130(醇萃取塔)的进料。同时,从塔底回收未转化的丙烯酸。丙烯酸分馏工艺 DCS 图如图 1 -39 所示。

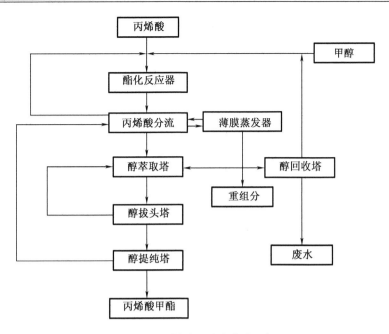

图 1 - 38　丙烯酸甲酯生产流程框图

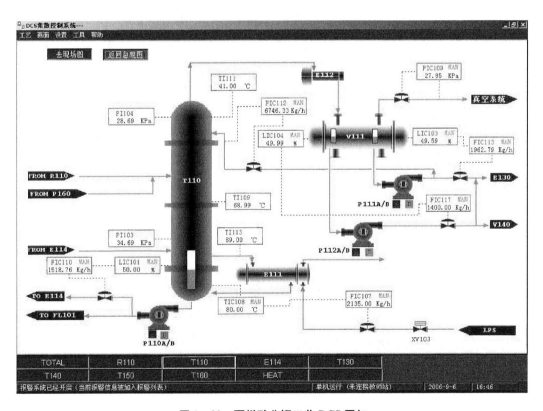

图 1 - 39　丙烯酸分馏工艺 DCS 图如

　　(3)薄膜蒸发工艺。T110 塔底,一部分的丙烯酸及酯的二聚物、多聚物和阻聚剂等重组分送至 E114(薄膜蒸发器)分离出丙烯酸,回收到 T110 中,重组分送至废水处理单元重组分储罐。薄膜蒸发器工艺 DCS 图如图 1 – 40 所示。

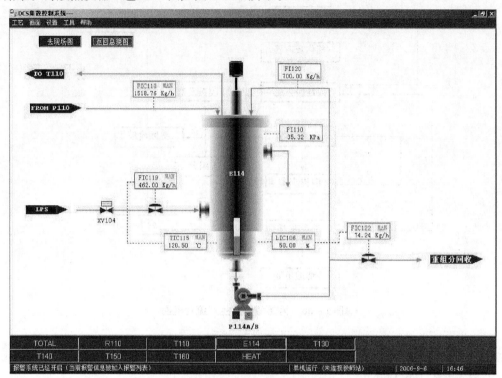

图 1 – 40　薄膜蒸发器工艺 DCS 图

（4）T110 的塔顶流出物经 E130（醇萃取塔进料冷却器）冷却后被送往 T130（醇萃取塔）。由于水 – 甲醇 – 甲酯为三元共沸系统，很难通过简单的蒸馏从水和甲醇中分离出甲酯，因此采用萃取的方法把甲酯从水和甲醇中分离出来。从 V130 由 P130A/B 抽出溶剂（水）加至萃取塔的顶部，通过液—液萃取，将未反应的醇从粗丙烯酸甲酯物料中萃取出来。醇萃取工艺 DCS 图如图 1 – 41 所示。

（5）醇回收工艺。从 T130 底部得到的萃取液进到 V140，再经 P142A/B 抽出，经过 E140 与醇回收塔底分离出的水换热后进入 T140（醇回收塔）。在此塔中，在顶部回收醇并循环至 R101。基本上由水组成的 T140 的塔底物料经 E140 与进料换热后，再经过 E144 用 10℃的冷冻水冷却后，进入 V130，再经泵抽出循环至 T130 重新用作溶剂（萃取剂），同时多余的水作为废水送到废水罐。T140 顶部是回收的甲醇，经 E142 循环水冷却进入到 V141，再经由 P141A/B 抽出，一路作为 T140 塔顶回流，另一路是回收的醇与新鲜的醇合并为反应进料。醇回收工艺 DCS 图如图 1 – 42 所示。

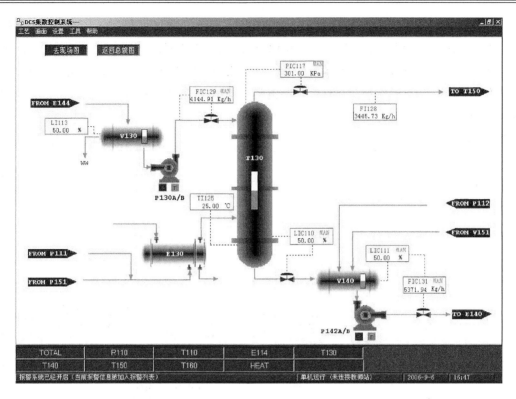

图 1 – 41　醇萃取工艺 DCS 图

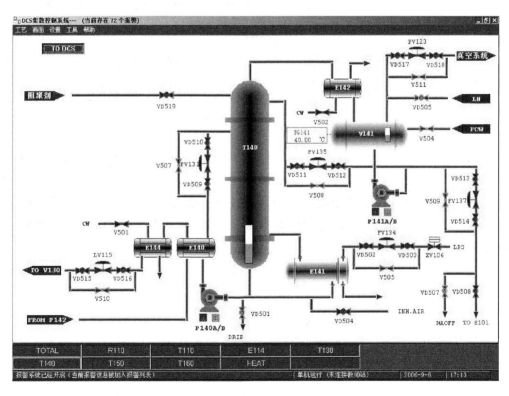

图 1 – 42　醇回收工艺 DCS 图

(6)醇拔头工艺。抽余液从 T130 的顶部排出并进入到 T150(醇拔头塔)。在此塔中,塔顶物流经过 E152 用循环水冷却进入到 V151,油水分成两相,水相自流入 V140,油相再经由 P151A/B 抽出,一路作为 T150 塔顶回流,另一路循环回至 T130 作为部分进料以重新回收醇和酯。塔底含有少量重组分的甲酯物流经 P150A/B 进入塔提纯。醇拔头工艺 DCS 图如图 1 – 43 所示。

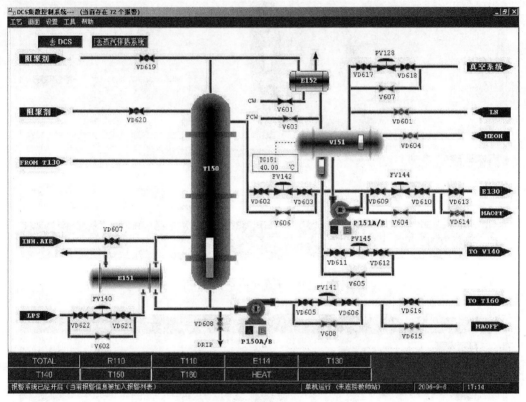

图 1 – 43 醇拔头工艺 DCS 图

(7)酯提纯工艺。T150 的塔底流出物送往 T160(酯提纯塔)。在此,将丙烯酸甲酯进行进一步提纯,含有少量丙烯酸、丙烯酸甲酯的塔底物流经 P160A/B 循环回 T110 继续分馏。塔顶作为丙烯酸甲酯成品在塔顶馏出经 E162A/B 冷却进入 V161(丙烯酸产品塔塔顶回流罐)中,由 P161A/B 抽出,一路作为 T160 塔顶回流返回 T160 塔,另一路出装置至丙烯酸甲酯成品日罐。酯提纯工艺 DCS 图如图 1 – 44 所示。

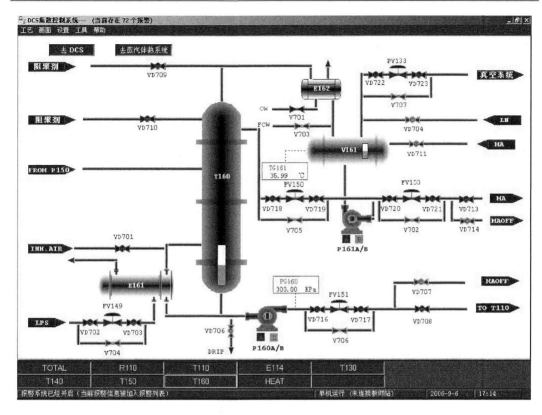

图1-44 酯提纯工艺 DCS 图

三、设备一览表

丙烯酸甲酯设备总览(包括反应器、塔、泵、加热器)见表1-31。

表1-31 丙烯酸甲酯设备总览

序号	设备位号	设备名称(中英文)	设备原理
1	E101	R101 PREHEATER R101 预热器	换热器
2	FL101A/B	REACTOR RECYCLE FILTER 反应器循环过滤器	
3	R101	ESTERIFICATION REACTOR 酯化反应器	①这是固定床反应器; ②甲酯的酯化反应在固定床反应器内进行它是一个可逆反应,本工艺采用酸过量使反应向正方向进行
4	T110	AA FRACTIONATOR 丙烯酸分馏塔	①这是精馏塔; ②丙烯酸回收是利用丙烯酸分馏塔精馏的原理

表 1 – 31（续）

序号	设备位号	设备名称（中英文）	设备原理
5	E112	T110 CONDENSER T110 冷凝器	冷凝器
6	V111	T110 RECEIVER T110 塔顶受液罐	油水气三项分离器（堰板式），左边分离出来水通过泵 P112A/B 进入缓冲罐，右边是分离出来的油（主要是醇、酯），同过 P111A/B 进入下一单元
7	P111A/B	T110 REFLUX PUMP T110 回流泵	
8	P112A/B	V111 WATER DRAW OFF PUMP V111 排水泵	
9	E114	T110 2ND REBOILER T110 二段再沸器	薄膜蒸发器
10	E130	T130 FEED COOLER T130 给料冷却器	
11	T130	ALCOHOL EXTRACTION COLUMN 醇萃取塔	①这是醇萃取塔； ②利用甲醇易溶于水的物性，用水将甲醇从主物流中萃取出来
12	V130	V130 WATER FEED DRUM V130 给水罐	
13	P130A/B	T130 WATER FEED PUMP T130 给水泵	
14	V140	T140 BUFFER DRUM T140 缓冲罐	
15	P142A/B	T140 FEED PUMP T140 给料泵	
16	E140	T140 BOTTOMS 1ST COOLER T140 底部一段冷却器	
17	T140	ALCOHOL RECOVERY COLUMN 醇回收塔	①这是精馏塔； ②T130 底部得到的萃取液经过精馏，大部分水从塔底排出，甲醇和甲酯从塔顶蒸出，返回反应器循环使用
18	E144	T140 BOTTOMS 2ND COOLER T140 底部二段冷却器	

表1-31(续)

序号	设备位号	设备名称(中英文)	设备原理
19	E142	T140 CONDENSER T140 塔顶冷凝罐	
20	V141	T140 RECEIVER T140 塔顶受液罐	
21	P141A/B	T140 REFLUX PUMP T140 回流泵	
22	T150	ALCOHOL TOPPING COLUMN 醇拔头塔	①醇拔头塔为精馏塔; ②利用精馏的原理,将主物流中少部分的醇从塔顶蒸出,含有甲酯和少部分重组分的物流从塔底排出,并进一步分离
23	E152	T150 CONDENSER T150 塔顶冷却器	
24	V151	T150 RECEIVER T150 塔顶受液罐	分离器,下面是水包,上面是油包,水自流进入到V140做萃取液
25	P151A/B	T150 REFLUX PUMP T150 回流泵	
26	P150A/B	T150 BOTTOMS PUMP T150 底部泵	
27	T160	ESTER PURIFICCATION COLUMN 酯提纯塔	①酯精制塔为精馏塔; ②利用精馏的原理,将主物流从塔顶蒸出,塔底部分重组分返回丙烯酸分馏塔重新回收
28	P160A/B	T160 REFLUX PUMP T160 回流泵	
29	E162A/B	T160 CONDENSER T160 塔顶冷却器	
30	V161	T160 RECEIVER T160 塔顶受液罐	
31	P161A/B	T160 REFLUX PUMP T160 回流泵	
32	E111	T110 REBOILER T110 再沸器	
33	P110A/B	T110 BOTTOMS PUMP T110 塔底泵	

表 1 –31（续）

序号	设备位号	设备名称（中英文）	设备原理
34	P114A/B	E114 BOTTOMS PUMP E114 底部泵	
35	E141	T140 REBOILER T140 再沸器	
36	P140A/B	T140 BOTTOMS PUMP T140 底部泵	
37	E151	T150 REBOILER T150 再沸器	
38	E161	T160 REBOILER T160 再沸器	

四、主要操作条件及工艺指标

主要操作条件及工艺指标见表 1 – 32。

表 1 – 32　主要操作条件及工艺指标

位号		单位	数值指标	备注
R101（酯化反应器）				
流量	FIC101	kg/h	1 841.36	AA 至 E101
	FIC104	kg/h	744.75	MEOH 至 E101
	FIC106	kg/h	1 741.23	甲酯粗液至 E101
	FIC109	kg/h	3 037.30	T110 底部物料至 E101
温度	TIC101	℃	75	R101 入口温度
压力	PIC101	kPaA	301.00	R101 反应器压力
T110（丙烯酸分流塔）				
流量	FIC110	kg/h	1 518.76	T110 塔釜至 E114
	FIC112	kg/h	6 746.33	V111 至 T110 回流
	FIC113	kg/h	1 962.79	V111 水相至 T130
	FIC117	kg/h	1 400.00	V111 油相至 T130
	FIC107	kg/h	2 135.00	LPS（塔底再沸蒸汽）至 E111
温度	TI111	℃	41	T110 塔顶温度
	TI109	℃	69	T110 进料段温度
	TI108	℃	80	T110 塔底温度
	TI113	℃	89	再沸器 E111 至 T110 温度
	TG110	℃	36	回流罐现场温度显示

表 1 – 32（续）

位号		单位	数值指标	备注
压力	PI104	kPaA	28.70	T110 塔顶压力
	PI103	kPaA	34.70	T110 塔釜压力
	PIC109	kPaA	27.86	V111 罐压力
E114（薄膜蒸发器）				
流量	FIC110	kg/h	1 518.76	T110 至 E114
	FIC119	kg/h	462	LPS 至 E114
	FIC122	kg/h	74.24	E114 至重组分回收
	FI120	kg/h	700	E114 回流
温度	TIC115	℃	120.50	E114 温度
压力	PI110	kPaA	35.33	E114 压力
T130（醇萃取塔）				
流量	FIC129	kg/h	4 144.91	V130 至 T130
	FIC131	kg/h	5 371.94	V140 至 T140
	FI128	kg/h	3 445.73	T130 至 T150
温度	TI125	℃	25	T130 温度
压力	PIC117	kPaA	301.00	T130 压力
T140（醇回收塔）				
流量	FIC134	kg/h	1 400.00	LPS 至 E141
	FIC135	kg/h	2 210.81	V141 至 T140 回流
	FIC137	kg/h	779.16	T140 至 R101
温度	TI134	℃	60	T140 塔顶温度
	TIC133	℃	81	T140 第 19 块塔板温度
	TI132	℃	89	T140 第 5 块塔板温度
	TI131	℃	92	T140 塔釜温度
	TI135	℃	95	再沸器 E141 至 T140 温度
	TG141	℃	40	V141 温度
压力	PI121	kPaA	62.70	T140 塔顶压力
	PI120	kPaA	76.00	T140 塔釜压力
	PIC123	kPaA	61.33	V141 压力
T150（醇拔头塔）				
流量	FIC140	kg/h	896.00	LPS 至 E151
	FIC141	kg/h	2 194.77	T150 至 T160
	FIC142	kg/h	2 026.01	V151 至 T150 回流
	FIC144	kg/h	1 241.51	V151 至 T130
	FIC145	kg/h	44.29	V151 至 V140

表 1 - 32（续）

位号		单位	数值指标	备注
温度	TI142	℃	61	T150 塔顶温度
	TI141	℃	65	T150 第 23 块塔板温度
	TIC140	℃	70	T150 第 5 块塔板温度
	TI143	℃	74	再沸器 E151 至 T150 温度
	TI139	℃	71	T150 塔釜温度
	TG151	℃	40	V151 温度
压力	PI125	kPaA	62.66	T150 塔顶压力
	PI126	kPaA	72.66	T150 塔釜压力
	PIC128	kPaA	61.33	V151 压力
T160（酯提纯塔）				
流量	FIC149	kg/h	952	LPS 至 E161
	FIC150	kg/h	3286.66	V161 至 T160 回流
	FIC151	kg/h	64.05	T160 至 T110
	FIC153	kg/h	2191.08	T160 至 MA
温度	TI151	℃	38	T160 塔顶温度
	TI150	℃	40	T160 第 15 块塔板温度
	TIC148	℃	45	T160 第 5 块塔板温度
	TI152	℃	64	再沸器 E161 至 T160 温度
	TI147	℃	56	T160 塔釜温度
	TG161	℃	36	V161 温度
压力	PI130	kPaA	21.30	T160 塔顶压力
	PI131	kPaA	26.70	T160 塔釜压力
	PIC133	kPaA	20.70	V161 压力

任务一　丙烯酸甲酯开车操作规程

一、准备工作

1. 启动真空系统

（1）打开压力控制阀 PV109 及其前后阀 VD201、VD202，给 T110 系统抽真空。

（2）打开压力控制阀 PV123 及其前后阀 VD517、VD518，给 T140 系统抽真空。

（3）打开压力控制阀 PV128 及其前后阀 VD617、VD618，给 T150 系统抽真空。

（4）打开压力控制阀 PV133 及其前后阀 VD722、VD723，给 T160 系统抽真空。

（5）打开阀 VD205、VD305、VD504、VD607、VD701，分别给 T110、E114、T140、T150、T160

投用阻聚剂空气。

2. V161、T160 脱水

（1）打开 VD711 阀，向 V161 内引产品 MA。

（2）待 V161 达到一定液位后，启动 P161A/B；打开控制阀 FV150 及其前后阀 VD718、VD719，向 T160 引 MA。

（3）待 T160 底部有一定液位后，关闭控制阀 FV150。

（4）关闭 MA 进料阀 VD711。

3. T130、T140 建立水循环

（1）打开 V130 顶部手阀 V402，引 FCW 到 V130。

（2）待 V130 达到一定液位后，启动 P130A/B；打开控制阀 FV129 及其前后阀 VD410、VD411，将水引入 T130。

（3）打开 T130 顶部排气阀 VD401，并通过排气阀观察 T130 是否装满水。

（4）待 T130 装满水后，关闭排气阀 VD401；同时打开控制阀 LV110 及其前后阀 VD408、VD409，向 V140 注水；打开控制阀 PV117 及其前后阀 VD402、VD403，同时打开阀 VD406，将 T130 顶部物流排至不合格罐，控制 T130 压力 301 kPaA。

（5）待 V140 有一定液位后，启动 P142A/B；打开控制阀 FV131 及其前后阀 VD509、VD510，向 T140 引水。

（6）打开阀 V502，给 E142 投冷却水。

（7）待 T140 液位达到 50% 后，打开蒸汽阀 XV106；同时打开控制阀 FV134 及其前后阀 VD502、VD503，给 E141 通蒸汽。

（8）打开阀 V501，给 E144 投冷却水。

（9）启动 P140A/B；打开控制阀 LV115 及其前后阀 VD515、VD516，使 T140 底部液体经 E140、E144 排放到 V130。

（10）待 V41 达到一定液位后，启动 P141A/B；打开控制阀 FV135 及其前后阀 VD511、VD512，向 T140 打回流；打开控制阀 FV137 及其前后阀 VD513、VD514；同时打开阀 VD507，将多余水引至不合格罐。

二、R101 引粗液，并循环升温

（1）R101 进料前去伴热系统投用 R101 系统伴热。

（2）打开控制阀 FV106 及其前后阀 VD101、VD102，向 R101 引入粗液；打开 R101 顶部排气阀 VD117 排气。

（3）待 R101 装满粗液后，关闭排气阀 VD117，打开 VD119；同时打开控制阀 PV101 及其前后阀 VD124、VD125，将粗液排出；调节 PV101 的开度，控制 R101 压力 301 kPaA。

（4）待粗液循环均匀后，打开控制阀 TV101 及其前后阀 VD122、VD123，向 E-301 供给蒸汽；调节 TV101 的开度，控制反应器入口温度为 75℃。

三、启动 T110 系统

（1）打开阀 VD225、VD224，向 T110、V111 加入阻聚剂。

（2）打开阀 V203、V401，分别给 E112、E130 投冷却水。

（3）T110 进料前去伴热系统投用 T110 系统伴热。

（4）待 R101 出口温度、压力稳定后，打开去 T110 手阀 VD118，将粗液引入 T110；同时关闭手阀 VD119。

（5）待 T110 液位达到 50% 后，启动 P110A/B；打开 FL101A 前后阀 VD111、VD113；打开控制阀 FV109 及其前后阀 VD115、VD116；同时打开 VD109，将 T110 底部物料经 FL101 排出。

（6）投用 E114 系统伴热。

（7）待 T110 液位达到 50% 后，打开阀 XV103；同时打开控制阀 FV107 及其前后阀 VD214、VD215，启动系统再沸器。

（8）待 V111 水相达到一定液位后，启动泵 P112A/B；打开控制阀 FV117 及其前后阀 VD216、VD217；打开阀 VD218、打开阀 VD213，将水排出，控制水相液位。

（9）待 V111 油相液位 LIC103 达到一定液位后，启动 P111A/B。打开控制阀 FV112 及其前后阀 VD208、VD209，给 T110 打回流；打开控制阀 FV113 及其前后阀 VD210、VD211，将部分液体排出。

（10）待 T110 液位稳定后，打开控制阀 FV110 及其前后阀 VD206、VD207，将 T110 底部物料引至 E114。

（11）待 E114 达到一定液位后，启动 P114A/B；打开阀 V301，向 E114 打循环。

（12）待 E114 液位稳定后，打开控制阀 FV122 及其前后阀 VD311、VD312；同时打开 VD310，将物料排出。

（13）按 UT114 按钮，启动 E114 转子。

（14）打开阀 XV104，同时打开控制阀 FV119 及其前后阀 VD316、VD317，向 E114 通入蒸汽 LP5S。

四、反应器进原料

（1）打开手阀 VD105，打开控制阀 FV104 及其前后阀 VD120、VD121，新鲜原料进料流量为正常量的 80%，调节控制阀 FV104 的开度，控制流量为 595.8 kg/h。

（2）打开控制阀 FV101 及其前后阀 VD103、VD104，新鲜原料进料流量为正常量的 80%，调节控制阀 FV101 的开度，控制流量为 1 473 kg/h。

（3）关闭控制阀 FV106 及其前后阀，停止进粗液。

（4）打开阀 VD108，将 T110 底部物料打入 R101；同时关闭阀 VD109。

五、T130、T140 进料

（1）打开手阀 VD519，向 T140 输送阻聚剂。

（2）关闭阀 VD213、打开阀 VD212，由至不合格罐改至 T130。

（3）控制 V401 开度，调节 T130 温度为 25℃。

（4）待 T140 稳定后，关闭 V141 去不合格罐手阀 VD507；打开 VD508，将物流引向 R101。

六、启动 T150

（1）打开手阀 VD620、VD619，向 T150、V151 供阻聚剂。

（2）冷却水阀 VD3501、VD3502，E-352，E-353 冷却器投用。

（3）打开 E152 冷却水阀 VD601，E152 投用。

（4）打开 VD405，将 T130 顶部物料改至 T150；同时关闭去不合格罐手阀 VD406。

（5）投用 T150 蒸汽伴热系统。

（6）当 T150 底部有一定液位后，启动 P150A/B；打开控制阀 FV141 及其前后阀 VD605、VD606；打开手阀 VD615，将 T150 底部物料排放至不合格罐，控制好塔液面。

（7）打开阀 XV107、打开控制阀 FV140 及其前后阀 VD622、VD621，给 E151 引蒸汽。

（8）待 V151 有液位后，启动 P151A/B；打开控制阀 FV142 及其前后阀 VD602、VD603，给 T150 打回流。

（9）T150 操作稳定后，打开阀 VD613，同时关闭阀 VD614，将 V151 物料从不合格罐改至 T130。

（10）打开控制阀 FV144 及其前后阀 VD609、VD610；打开阀 VD614，将部分物料排至不合格罐。

（11）待 V151 水包出现界位后，打开 FV145 及其前后阀 VD611、VD612，向 V140 切水。调节 FV145 的开度，保持界位正常。

（12）待 T150 操作稳定后，打开阀 VD613；同时关闭 VD614，将 V151 物料从不合格罐改至 T130。调节 FV144 的开度，控制 V151 液位为 50%。

（13）关闭阀 VD615，同时打开阀 VD616，将 T150 底部物料由至不合格罐改去 T160 进料。调节 FV141 的开度，控制 T150 液位为 50%。

七、启动 T160

（1）打开手阀 VD710、VD709，向 T160、V161 供阻聚剂。

（2）打开阀 V701，E162 冷却器投用。

（3）投用 T160 蒸汽伴热系统。

（4）待 T160 有一定的液位，启动 P160A/B；打开控制阀 FV151 及其前后阀 VD716、VD717；同时打开 VD707，将 T160 塔底物料送至不合格罐。

（5）打开阀 XV108，打开控制阀 FV149 及其前后阀 VD702、VD703，向 E161 引蒸汽。

（6）待 V161 有液位后，启动回流泵 P161A/B；打开塔顶回流控制阀 FV150 及其前后阀 VD718、VD719 打回流。

（7）打开控制阀 FV153 及其前后阀 VD720、VD721；打开阀 VD714，将 V161 物料送至不合格罐。调节 FV153 的开度，保持 V161 液位为 50%。

（8）T160 操作稳定后，关闭阀 VD707；同时打开阀 VD708，将 T160 底部物料由至不合格罐改至 T110。

（9）关闭阀 VD714，同时打开阀 VD713，将合格产品由至不合格罐改至日罐。

八、处理粗液、提负荷

调整控制阀 FV101 开度,把 AA 负荷提高至 1 841.36 kg/h;调整控制阀 FV104 开度,把 MEOH 负荷提高至 744.75 kg/h。

任务二　丙烯酸甲酯停车操作实训

一、停止供给原料

(1)关闭控制阀 FV101 及其前后阀 VD103、VD104;关闭控制阀 FV104 及其前后阀 VD120、VD121。

(2)关闭 TV101 及其前后阀 VD122、VD123,停止向 E101 供蒸汽。

(3)关闭手阀 VD713;同时打开阀 VD714,D161 产品由日罐切换至不合格罐。

(4)关闭阀 VD108,停止 T110 底部到 E101 循环的 AA;打开阀 VD109,将 T110 底部物料改去不合格罐。

(5)关闭阀 VD508,停从 T140 顶部到 E101 循环的醇;打开阀 VD507,将 T140 顶部物料改去不合格罐。

(6)关闭 VD118;同时打开阀 VD119,将 R101 出口由去 T110 改去不合格罐。

(7)去伴热系统,停 R101 伴热。

(8)当反应器温度降至40℃,关闭阀 VD119;打开阀 VD110,将 R101 内的物料排出,直到 R101 排空。

(9)并打开 VD117,泄压。

二、停 T110 系统

(1)关闭阀 VD224,即停止向 V111 供阻聚剂;关闭阀 VD225,即停止向 T110 供阻聚剂。

(2)关闭阀 VD708,停止 T160 底物料到 T110;打开阀 VD707,将 T160 底部物料改去不合格罐。

(3)缓慢减小阀 FV107 的开度,直至关闭阀 FV107,即缓慢停止向 E111 供给蒸汽。

(4)去伴热系统,停 T110 蒸汽伴热。

(5)关闭阀 VD212;同时打开阀 VD213,将 V111 出口物料切至不合格罐,同时适当调整 FV129 开度,保证 T130 的进料量。

(6)待 V111 水相全部排出后,停 P112A/B;关闭控制阀 FV117 及其前后阀。

(7)关闭控制阀 FV110 及其前后阀,停止向 E114 供物料。

(8)关闭阀 V301,停止 E114 自身循环。

(9)关闭控制阀 FV119 及其前后阀,停止向 E114 供给蒸汽。

(10)停止 E114 的转子。

(11)关闭阀 VD309;打开阀 VD310,将 E114 底部物料改至不合格罐。

（12）将 V111 油相全部排至 T110，停 P111A/B；将 P111A/B 出口（V111 油相侧物料）到 E130 阀 FV113 关闭。

（13）打开阀 VD203，将 T110 底物料排放出；待 T110 底物料排尽后，停止 P110A/B。

（14）打开阀 VD306，将 E114 底物料排放出；待 E114 底物料排尽后，停止 P114A/B。

三、T150 和 T160 停车

（1）关闭阀 VD619，即停止向 V151 供阻聚剂；关闭阀 VD709，即停止向 V161 供阻聚剂；关闭阀 VD620，即停止向 T150 供阻聚剂；关闭阀 VD710，即停止向 T160 供阻聚剂。

（2）停 T150 进料，关闭进料阀 VD405；同时打开阀 VD406，将 T130 出口物料排至不合格罐。

（3）停 T160 进料，关闭进料阀 VD616；同时打开阀 VD615，将 T150 出口物料排至不合格罐。

（4）关闭阀 VD613；打开阀 VD614，将 V151 油相改至不合格罐。

（5）关闭控制阀 FV140 及其前后阀，停向 E151 供给蒸汽；同时停 T150 蒸汽伴热。

（6）关闭控制阀 FV149 及其前后阀，停向 E161 供给蒸汽；同时停 T160 的蒸汽伴热。

（7）待回流罐 V151 的物料全部排至 T150 后，停 P151A/B；待回流罐 V161 的物料全部排至 T160 后，停 P161A/B。

（8）打开阀 VD608，将 T150 底物料排放出；T160 底部物料排空后，停 P160A/B。

四、T130 和 T140 停车

（1）关闭阀 VD519，即停止向 T140 供阻聚剂。

（2）当 T130 顶油相全部排出后，关闭控制阀 FV129 及其前后阀，停 T130 萃取水，T130 内的水经 V140 全部去 T140。

（3）关闭控制阀 PV117。

（4）关闭控制阀 FV134 及其前后阀，停向 E141 供给蒸汽。

（5）当 T140 内的物料冷却到 40℃以下，打开 VD501 排液。

（6）打开阀 VD407，给 T130 排液。

五、T110、T140、T150、T160 系统打破真空

（1）关闭控制阀 FV109 及其前后阀；关闭控制阀 FV123 及其前后阀；关闭控制阀 FV128 及其前后阀；关闭控制阀 FV133 及其前后阀。

（2）关闭阀 VD205、VD305、VD504、VD607、VD701，T110、E114、T140、T150、T160 停止供应阻聚剂空气。

（3）打开阀 VD204、VD505、VD601、VD704，向 V111、V141、V151、V161 充入 LN。

（4）直至 T110、T140、T150、T160 系统达到常压状态，关闭阀 VD204、VD505、VD601、VD704，停 LN。

任务三　紧急事故处理

1. AA 进料阀 FV101 卡

现象:FIC101 累计流量计量表停止计数,R101 反应器压力温度上升。

原因:AA 进料阀 FV101 卡。

处理方法:切换旁路阀:迅速打开旁路阀 V101,同时关闭 FV101 及前后阀。

2. P142A 泵坏

现象:T140 塔进料流量显示 FIC131 逐渐下降至 0,引起 T140 整塔温度压力的波动,T140 液位降低,V140 液位上升。

原因:可能为泵出现故障不能正常工作或是出口管路堵塞。

处理方法:先检查出口管路上各阀门是否工作正常,排除阀门故障后,迅速切换出口泵为 P142B。加大出口调节阀 FV131 开度,调整 V140 液位 LIC111 至正常工况下液位后,再恢复 FV131 开度 50。

3. T160 塔底再沸器 E161 坏

现象:T160 塔内温度持续下降,塔釜液位上升,塔顶气化量降低,引起回流罐 V161 液位降低。

原因:T160 塔底再沸器 E161 坏。

处理方法:按停车步骤快速停车,然后检查维修换热器。

4. 塔 T140 回流罐 V141 漏液

现象:V141 内液位迅速降低。

原因:回流罐 V141 漏液。

处理方法:按停车步骤快速停车,然后检查维修回流罐。

模块二　化工总控工技能实训

实训设备:浙江中控化工总控工培训与竞赛(精馏)装置

一、装置说明

(一)工业背景

精馏是分离液体混合物最常用的一种操作,在化工、医药、炼油等领域得到了广泛的应用。精馏是同时进行传热和传质的过程,为实现精馏过程,需要为该过程提供物料的贮存、输送、传热、分离、控制等设备和仪表。

本装置根据教学特点,降低学生实训过程中的危险性,采用水–乙醇作为精馏体系。

(二)实训项目

(1)间歇精馏岗位技能:再沸器温控操作;塔釜液位测控操作;采出液浓度与产量联调操作。

(2)连续精馏岗位技能:全回流全塔性能测定;连续进料下部分回流操作;回流比调节;冷凝系统水量及水温调节;进料预热系统调节;塔视镜及分配罐状况控制。

(3)精现场工控岗位技能:再沸器温控操作;塔釜液位测控操作;采出液浓度与产量联调操作;冷凝系统水量及水温调节;进料预热系统调节;塔视镜及分配罐状况控制。

(4)质量控制岗位技能:全塔温度/浓度分布检测;全塔、各液相检测点取样分析操作;塔流体力学性能及筛板塔气液鼓泡接触控制。

(5)化工仪表岗位技能:增压泵、微调转子流量计、变频器、差压变送器、热电阻、无纸记录仪、声光报警器、调压模块及各类就地弹簧指针表等的使用;单回路、串级控制和比值控制等控制方案的实施。

(6)就地及远程控制岗位技能:现场控制台仪表与微机通讯,实时数据采集及过程监控;总控室控制台 DCS 与现场控制台通信,各操作工段切换、远程监控、流程组态的上传下载等。

(7)分析实训技能:能进行气相色谱分析及化学分析实训。

(三)工艺流程

1. 常压精馏流程

原料槽 V703 内约 20% 的水–乙醇混合液,经原料泵 P702 输送至原料加热器 E701,预热后,由精馏塔中部进入精馏塔 T701,进行分离,气相由塔顶馏出,经冷凝器 E702 冷却后,进入冷凝液槽 V705,经产品泵 P701,一部分送至精馏塔上部第一块塔板作回流用;一部分送至塔顶产品槽 V702 作为产品采出。塔釜残液经塔底换热器 E703 冷却后送到残液槽 V701,也可不经换热,直接到残液 V701。

2. 真空精馏流程

本装置配置了真空流程,主物料流程如常压精馏流程。在原料槽 V703、冷凝液槽

V705、产品槽 V702、残液槽 V701 均设置抽真空阀,被抽出的系统物料气体经真空总管进入真空缓冲罐 V704,然后由真空泵 P703 抽出放空。

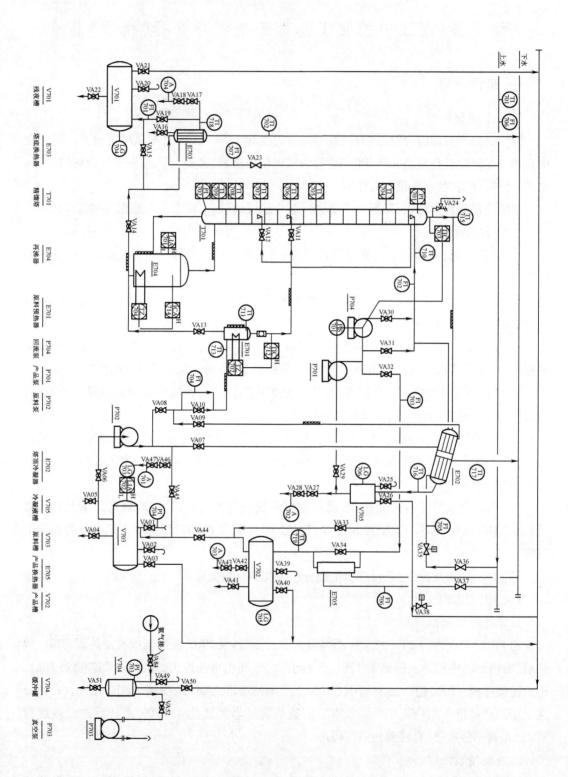

（四）设备一览表

1. 静设备一览表

静设备一览表见表2-1。

表2-1 静设备一览表

编号	名称	规格型号	数量
1	塔底产品槽	不锈钢(牌号 SUS304,下同),$\varphi 529 \times 1\,160$ mm,$V = 200$ L	1
2	塔顶产品槽	不锈钢,$\varphi 377$ mm $\times 900$ mm,$V = 90$ L	1
3	原料槽	不锈钢,$\varphi 630$ mm $\times 1\,200$ mm,$V = 340$ L	1
4	真空缓冲罐	不锈钢,$\varphi 400$ mm $\times 800$ mm,$V = 90$ L	1
5	冷凝液槽	不锈钢,$\varphi 200$ mm $\times 450$ mm,$V = 16$ L	1
6	原料加热器	不锈钢,$\varphi 426$ mm $\times 640$ mm,$V = 46$ L,$P = 9$ kW	1
7	塔顶冷凝器	不锈钢,$\varphi 370$ mm $\times 1\,100$ mm,$F = 2.2$ m^2	1
8	再沸器	不锈钢,$\varphi 528$ mm $\times 1\,100$ mm,$P = 21$ kW	1
9	塔底换热器	不锈钢,$\varphi 260$ mm $\times 750$ mm,$F = 1.0$ m^2	1
10	精馏塔	主体不锈钢 DN200;共14块塔板	1
11	产品换热器	不锈钢,$\varphi 108$ mm $\times 860$ mm,$F = 0.1$ m^2	

2. 动设备一览表

动设备一览表见表2-2。

表2-2 动设备一览表

编号	名称	规格型号	数量
1	回流泵	齿轮泵	1
2	产品泵	齿轮泵	1
3	原料泵	离心泵	1
4	真空泵	旋片式真空泵(流量4 L/s)	1

二、生产技术指标

在化工生产中,对各工艺变量有一定的控制要求。有些工艺变量对产品的数量和质量起着决定性的作用。有些工艺变量虽不直接影响产品的数量和质量,然而保持其平稳却是使生产获得良好控制的前提。例如,床层的温度和压差对干燥效果起很重要的作用。

为了满足实训操作需求,可以有两种方式,一是人工控制,二是自动控制。使用自动化仪表等控制装置来代替人的观察、判断、决策和操作。

先进的控制策略在化工生产过程的推广应用,能够有效提高生产过程的平稳性和产品质量的合格率,对于降低生产成本、节能减排降耗、提升企业的经济效益具有重要意义。

(一)各项工艺操作指标

温度控制:预热器出口温度(TICA712):75～85 ℃,高限报警:$H=85$ ℃(具体根据原料的浓度来调整);

再沸器温度(TICA714):80～100 ℃,高限报警:$H=100$ ℃(具体根据原料的浓度来调整);

塔顶温度(TIC703):78～80 ℃(具体根据产品的浓度来调整);

流量控制:冷凝器上冷却水流量:600 L/h;

进料流量:～40 L/h;

回流流量与塔顶产品流量由塔顶温度控制;

液位控制。再沸器液位:0～280 mm,高限报警:$H=196$ mm,低限报警:$L=84$ mm;

原料槽液位:0～800 mm,高限报警:$H=800$ mm,低限报警:$L=100$ mm;

压力控制。系统压力:-0.04～0.02 MPa;

质量浓度控制。原料中乙醇含量:12%～16%;

塔顶产品乙醇含量:>90%;

塔底产品乙醇含量:<5%;

以上浓度分析指标是指用酒精比重计在样品冷却后进行粗测定的值,若分析方法改变,则应做相应换算。

(二)主要控制回路

1.再沸器温度控制

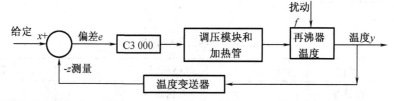

2.预热器温度控制

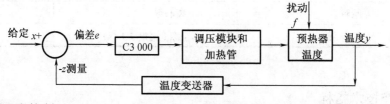

3.塔顶温度控制

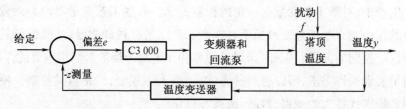

任务一 开车前准备

注:开车前应检查所有设备、阀门、仪表所处状态。

(1)由相关操作人员组成装置检查小组,对本装置所有设备、管道、阀门、仪表、电气、分析、保温等按工艺流程图要求和专业技术要求进行检查。

(2)检查所有仪表是否处于正常状态。

(3)检查所有设备是否处于正常状态。

(4)试电。

①检查外部供电系统,确保控制柜上所有开关均处于关闭状态。

②开启外部供电系统总电源开关。

③打开控制柜上空气开关33(1QF)。

④打开装置仪表电源总开关(2QF),打开仪表电源开关SA1,查看所有仪表是否上电,指示是否正常。

⑤将各阀门顺时针旋转操作到关的状态。

(5)准备原料。

配制质量比为12%~16%的乙醇溶液200L,通过原料槽进料阀(VA01),加入原料槽,到其容积的1/2~2/3。

(6)开启公用系统。

将冷却水管进水总管和自来水龙头相连、冷却水出水总管接软管到下水道,已备待用。

任务二 开 车

一、常压精馏操作

(1)配置一定浓度的乙醇与水的混合溶液,加入原料槽。

(2)开启控制台、仪表盘电源。

(3)开启原料泵进出口阀门(VA06、VA08),精馏塔原料液进口阀(VA10、VA11)。

(4)开启塔顶冷凝液槽放空阀(VA25)。

(5)关闭预热器和再沸器排污阀(VA13 和 VA15)、再沸器至塔底冷却器连接阀门(VA14)、塔顶冷凝液槽出口阀(VA29)。

(6)启动原料泵(P702),开启原料泵出口阀门快速进料(VA10),当原料预热器充满原料液后,可缓慢开启原料预热器加热器,同时继续往精馏塔塔釜内加入原料液,调节好再沸器液位,并酌情停原料泵。

(7)启动精馏塔再沸器加热系统,系统缓慢升温,开启精馏塔塔顶冷凝器冷却水进、出水阀(VA36),调节好冷却水流量,关闭冷凝液槽放空阀(VA25)。

(8)当冷凝液槽液位达到1/3时,开产品泵(P701)阀门(VA29、VA31),启动产品泵(P701),系统进行全回流操作,控制冷凝液槽液位稳定,控制系统压力、温度稳定。当系统压力偏高时可通过冷凝液槽放空阀(VA25)适当排放不凝性气体。

(9)当系统稳定后,开塔底换热器冷却水进、出口阀(VA23),开再沸器至塔底换热器阀门(VA14),开塔顶冷凝器至产品槽阀门(VA32)。

(10)手动或自动[开启回流泵(P3704)]调节回流量,控制塔顶温度,当产品符合要求时,可转入连续精馏操作,通过调节产品流量控制塔顶冷凝液槽液位。

(11)当再沸器液位开始下降时,可启动原料泵,将原料打入原料预热器预热,调节加热功率,原料达到要求温度后,送入精馏塔,或开原料至塔顶换热器的阀门,让原料与塔顶产品换热回收热量后进入原料预热器预热,再送入精馏塔。

(12)调整精馏系统各工艺参数稳定,建立塔内平衡体系。

(13)按时做好操作记录。

二、减压精馏操作

(1)配置一定浓度的乙醇与水的混合溶液,加入原料槽。

(2)开启控制台、仪表盘电源。

(3)开启原料泵进出、口阀(VA06、VA08),精馏塔原料液进口阀(VA10、VA11)。

(4)关闭预热器和再沸器排污阀(VA13 和 VA15)、再沸器至塔底冷凝器连接阀门(VA14)、塔顶冷凝液槽出口阀(VA29)。

(5)启动原料泵快速进料,当原料预热器充满原料液后,可缓慢开启原料预热器加热器,同时继续往精馏塔塔釜内加入原料液,调节好再沸器液位,并酌情停原料泵。

(6)开启真空缓冲罐进、出口阀(VA50、VA52),开启各储槽的抽真空阀门(除原料罐外,原料罐始终保持放空),关闭其他所有放空阀门。

(7)启动真空泵,精馏系统开始抽真空,当系统真空压力达到 -0.05MPa 左右时,关真空缓冲槽出口阀(VA50),停真空泵。

(8)启动精馏塔再沸器加热系统,系统缓慢升温,开启精馏塔塔顶换热器冷却水进、出水阀,调节好冷却水流量。

(9)当冷凝液槽液位达到 1/3 时,开启回流泵 A 进出口阀,启动回流泵 A,系统进行全回流操作,控制冷凝液槽液位稳定,控制系统压力、温度稳定。当系统压力偏高时可通过真空泵适当排放不凝性气体,控制好系统真空度。

(10)当系统稳定后,开塔底换热器冷却水进、出口阀(VA23),开再沸器至塔底换热器阀门(VA14),开塔顶冷凝器至产品槽阀门(VA32)。

(11)手动或自动(开启回流泵(P704))调节回流量,控制塔顶温度,当产品符合要求时,可转入连续精馏操作,通过调节产品流量控制塔顶冷凝液槽液位。

(12)当再沸器液位开始下降时,可启动原料泵,将原料打入原料预热器预热,调节加热功率,原料达到要求温度后,送入精馏塔,或开原料至塔顶换热器的阀门,让原料与塔顶产品换热回收热量后进入原料预热器预热,再送入精馏塔。

(13)调整精馏系统各工艺参数稳定,建立塔内平衡体系。

(14)按时做好操作记录。

任务三 停 车 操 作

一、常压精馏停车

（1）系统停止加料，停止原料预热器加热，关闭原料液泵进出、口阀（VA06、VA08），停原料泵。

（2）根据塔内物料情况，停止再沸器加热。

（3）当塔顶温度下降，无冷凝液馏出后，关闭塔顶冷凝器冷却水进水阀（VA36），停冷却水，停产品泵和回流泵，关泵进、出口阀（VA29、VA30、VA31 和 VA32）。

（4）当再沸器和预热器物料冷却后，开再沸器和预热器排污阀（VA13、VA14、和 VA15），放出预热器及再沸器内物料，开塔底冷凝器排污阀（VA16），塔底产品槽排污阀（VA22），放出塔底冷凝器内物料、塔底产品槽内物料。

（5）停控制台、仪表盘电源。

（6）做好设备及现场的整理工作。

二、减压精馏停车

（1）系统停止加料，停止原料预热器加热，关闭原料液泵进出、口阀（VA06、VA08），停原料泵。

（2）根据塔内物料情况，停止再沸器加热。

（3）当塔顶温度下降，无冷凝液馏出后，关闭塔顶冷凝器冷却水进水阀（VA36），停冷却水，停回流泵产品泵，关泵进、出口阀（VA29、VA30、VA31 和 VA32）。

（4）当系统温度降到 40 ℃ 左右，缓慢开启真空缓冲罐放空阀门（VA49），破除真空，然后开精馏系统各处放空阀（开阀门速度应缓慢），破除系统真空，系统回复至常压状态。

（5）当再沸器和预热器物料冷却后，开再沸器和预热器排污阀（VA13、VA14、和 VA15），放出预热器及再沸器内物料，开塔底冷凝器排污阀（VA16），塔底产品槽排污阀（VA22），放出塔底冷凝器内物料、塔底产品槽内物料。

（6）停控制台、仪表盘电源。

（7）做好设备及现场的整理工作。

任务四 正常操作注意事项

（1）精馏塔系统采用自来水作试漏检验时，系统加水速度应缓慢，系统高点排气阀应打开，密切监视系统压力，严禁超压。

（2）再沸器内液位高度一定要超过 100 mm，才可以启动再沸器电加热器进行系统加热，严防干烧损坏设备。

（3）原料加热器启动时应保证液位满罐，严防干烧损坏设备。

（4）馏塔釜加热应逐步增加加热电压，使塔釜温度缓慢上升，升温速度过快，宜造成塔视镜破裂(热胀冷缩),大量轻、重组分同时蒸发至塔釜内,延长塔系统达到平衡时间。

(5)精馏塔塔釜初始进料时进料速度不宜过快,防止塔系统进料速度过快、满塔。

(6)系统全回流时应控制回流流量和冷凝流量基本相等,保持回流液槽一定液位,防止回流泵抽空。

(7)系统全回流流量控制在50 L/h,保证塔系统气液接触效果良好,塔内鼓泡明显。

(8)减压精馏时,系统压力不宜过高,控制在(-0.04 ~ -0.02)MPa,系统压力控制采用间歇启动真空泵方式,当系统压力高于 -0.04 MPa 时,停真空泵;当系统压力低于 -0.02 MPa 时,启动真空泵。

(9)减压精馏采样为双阀采样,操作方法为:先开上端采样阀,当样液充满上端采样阀和下端采样阀间的管道时,关闭上端采样阀,开启下端采样阀,用量筒接取样液,采样后关下端采样阀。

(10)在系统进行连续精馏时,应保证进料流量和采出流量基本相等,各处流量计操作应互相配合,默契操作,保持整个精馏过程的操作稳定。

(11)塔顶冷凝器的冷却水流量应保持在400 ~ 600 L/h 间,保证出冷凝器塔顶液相在30℃ ~ 40 ℃间,塔底冷凝器产品出口保持在40℃ ~ 50 ℃间。

(12)分析方法可以为酒精比重计分析或色谱分析。

任务五　设备维护及检修

(1)泵的开、停,正常操作及日常维护。

(2)系统运行结束后,相关操作人员应对设备进行维护,保持现场、设备、管路、阀门清洁,方可以离开现场。

(3)定期组织学生进行系统检修演练。

任务六　故　障　处　理

一、异常现象及处理

异常现象及处理见表2-3。

表2-3　异常现象及处理

异常现象	原因分析	处理方法
精馏塔液泛	塔负荷过大	调整负荷/调节加料量,降低釜温
	回流量过大	减少回流,加大采出
	塔釜加热过猛	减小加热量

表 2 – 3（续）

异常现象	原因分析	处理方法
系统压力增大	不凝气积聚 采出量少 塔釜加热功率过大	排放不凝气 加大采出量 调整加热功率
系统压力负压	冷却水流量偏大 进料 T < 进料塔节 T	减小冷却水流量 调节原料加热器加热功率
塔压差大	负荷大回流量不稳定 液泛	减少负荷 调节回流比 按液泛情况处理

（二）正常操作中的故障扰动（故障设置实训）

在精馏正常操作中，由教师给出隐蔽指令，通过不定时改变某些阀门的工作状态来扰动精馏系统正常的工作状态，分别模拟出实际精馏生产过程中的常见故障，学生根据各参数的变化情况、设备运行异常现象，分析故障原因，找出故障并动手排出故障，以提高学生对工艺流程的认识度和实际动手能力。

（1）塔顶冷凝器无冷凝液产生：在精馏正常操作中，教师给出隐蔽指令，（关闭塔顶冷却水入口的电磁阀 VA35）停通冷却水，学生通过观察温度、压力及冷凝器冷凝量等的变化，分析系统异常的原因并做处理，使系统恢复到正常操作状态。

（2）真空泵全开时系统无负压：在减压精馏正常操作中，教师给出隐蔽指令，（打开真空管道中的电磁阀 VA38）使管路直接与大气相通，学生通过观察压力、塔顶冷凝器冷凝量等的变化，分析系统异常的原因并作处理，使系统恢复到正常操作状态。

（三）动设备操作安全注意事项

（1）启动风机，上电前观察风机的正常运转方向，通电并很快断电，利用风机转速缓慢降低的过程，观察风机是否正常运转；若运转方向错误，立即调整风机的接线。

（2）确认工艺管线，工艺条件正常。

（3）启动风机后看其工艺参数是否正常。

（4）观察有无过大噪声、振动及松动的螺栓。

（5）电机运转时不可接触转动件。

（四）静设备操作安全注意事项

（1）操作及取样过程中注意防止静电产生。

（2）换热器在需清理或检修时应按安全作业规定进行。